Mohamed Belabbaci
Boumediene Lasri

Etude théorique de l'efficacité du blindage électromagnétique

Mohamed Belabbaci
Boumediene Lasri

Etude théorique de l'efficacité du blindage électromagnétique

Cas des polymères conducteurs composites

Presses Académiques Francophones

Mentions légales / Imprint (applicable pour l'Allemagne seulement / only for Germany)
Information bibliographique publiée par la Deutsche Nationalbibliothek: La Deutsche Nationalbibliothek inscrit cette publication à la Deutsche Nationalbibliografie; des données bibliographiques détaillées sont disponibles sur internet à l'adresse http://dnb.d-nb.de.
Toutes marques et noms de produits mentionnés dans ce livre demeurent sous la protection des marques, des marques déposées et des brevets, et sont des marques ou des marques déposées de leurs détenteurs respectifs. L'utilisation des marques, noms de produits, noms communs, noms commerciaux, descriptions de produits, etc, même sans qu'ils soient mentionnés de façon particulière dans ce livre ne signifie en aucune façon que ces noms peuvent être utilisés sans restriction à l'égard de la législation pour la protection des marques et des marques déposées et pourraient donc être utilisés par quiconque.

Photo de la couverture: www.ingimage.com

Editeur: Presses Académiques Francophones est une marque déposée de Südwestdeutscher Verlag für Hochschulschriften GmbH & Co. KG
Heinrich-Böcking-Str. 6-8, 66121 Sarrebruck, Allemagne
Téléphone +49 681 37 20 271-1, Fax +49 681 37 20 271-0
Email: info@presses-academiques.com

Produit en Allemagne:
Schaltungsdienst Lange o.H.G., Berlin
Books on Demand GmbH, Norderstedt
Reha GmbH, Saarbrücken
Amazon Distribution GmbH, Leipzig
ISBN: 978-3-8381-7132-6

Imprint (only for USA, GB)
Bibliographic information published by the Deutsche Nationalbibliothek: The Deutsche Nationalbibliothek lists this publication in the Deutsche Nationalbibliografie; detailed bibliographic data are available in the Internet at http://dnb.d-nb.de.
Any brand names and product names mentioned in this book are subject to trademark, brand or patent protection and are trademarks or registered trademarks of their respective holders. The use of brand names, product names, common names, trade names, product descriptions etc. even without a particular marking in this works is in no way to be construed to mean that such names may be regarded as unrestricted in respect of trademark and brand protection legislation and could thus be used by anyone.

Cover image: www.ingimage.com

Publisher: Presses Académiques Francophones is an imprint of the publishing house
Südwestdeutscher Verlag für Hochschulschriften GmbH & Co. KG
Heinrich-Böcking-Str. 6-8, 66121 Saarbrücken, Germany
Phone +49 681 37 20 271-1, Fax +49 681 37 20 271-0
Email: info@presses-academiques.com

Printed in the U.S.A.
Printed in the U.K. by (see last page)
ISBN: 978-3-8381-7132-6

Préface

L'histoire des sciences est l'histoire de la curiosité humaine. Un des traits qui nous caractérisent est le besoin inextinguible de comprendre le monde dans lequel nous vivons. Ce besoin de savoir "pourquoi ?" et "comment ?" se dirige en parallèle avec une autre commande puissante d'un être humain, le désir de former et de contrôler notre environnement vivant.

Si un travail de recherche était un travail solitaire dont on vient à bout muni d'un simple crayon, d'une feuille de papier et d'un micro ordinateur, il suffirait d'un grand merci à Canson et à Bic... Mais non; des années de travail d'équipe, de discussions enrichissantes, de rencontres diverses et variées, en bref, des années de vie, ça fait un paquet de merci à distribuer.

Les polymères sont des matériaux formés de longues molécules - ou macromolécules à liaisons covalentes - englobant les matières plastiques et les caoutchoucs. Au cours des dernières décennies, l'utilisation des polymères a vu une croissance importante et fulgurante, remplaçant souvent des matériaux traditionnels (métaux, bois) ou des textiles naturels (coton, laine...).

Le présent ouvrage est une contribution à l'étude théorique de l'efficacité du blindage électromagnétique à base de polymères conducteurs composites. Il constitue une étude comparative entre les blindages réalisés par des matériaux traditionnels tels que l'aluminium, le zinc..., et ceux réalisés par des polymères conducteurs composites renforcés par ces même matériaux à l'instar du nylon6/aluminium, nylon6/zinc, polyéthylène haute densité/trioxyde de vanadium et du polyéthylène basse densité/trioxyde de vanadium.

A cet effet, nous examinons, respectivement, l'influence de la fréquence de la source du rayonnement, l'effet de la fraction volumique du renfort et celui de l'épaisseur d'écran du blindage sur l'efficacité du blindage électromagnétique dans le cas du champ lointain.

Enfin, on espère que cet ouvrage sera d'une grande utilité, non seulement pour les étudiants, mais aussi pour les enseignants et les chercheurs qui veulent se familiariser avec les concepts et les nombreuses applications du blindage électromagnétique à base de polymères conducteurs composites.

TABLE DES MATIERES

4

Deuxième partie

INTRODUCTION GENERALE

Ces deux dernières décennies ont vu une croissance importante des besoins en communication. Cette croissance a généré une augmentation considérable des dispo-sitifs électromagnétiques [1]. Une telle situation est à l'origine d'une pollution envi-ronnementale électromagnétique et de rayonnements parasites. Autrefois, les champs suffisamment intenses pour créer des problèmes de brouillage étaient confinés dans de grandes zones assez bien définies et situées dans le voisinage d'émetteurs fixes à grande puissance [1]. Aujourd'hui de nombreux émetteurs portatifs de faible puissance produisent des champs électromagnétiques. Ces champs de faible portée et de courte durée sont devenus très nombreux et sont répartis dans des zones urbaines contenant du matériel électronique. En effet les téléphones portables, source de rayonnement électromagnétique, sont devenus incontournables dans notre société. Nous pouvons également citer le progrès réalisé dans la connexion Internet (wirless) sans fil, qui permet à un ordinateur portable d'être connecté, sans avoir besoin du réseau à fil classique [1]. La présence de tous ces dispositifs nécessite, inévitablement, l'implantation de nombreux relais et pylônes d'émetteurs de champ électromagnétique intense. Ce développement technologique sert sûrement l'intérêt public, mais lorsque ces nombreux systèmes partagent un même environnement, en l'absence de mesures préventives adéquates, il existe un risque d'incompatibilité de fonctionnement.

Des législations de plus en plus contraignantes relatives aux émissions et à l'immunité, poussent les concepteurs et les fabricants à incorporer des blindages dans leurs produits [2].

7

L'étude de nouvelles et meilleures solutions visant à réduire les émissions et la susceptibilité électromagnétique est devenue un thème de recherche d'actualité dans de nombreux laboratoires de renommée internationale.

Il existe diverses méthodes servant à protéger ces différents systèmes et l'environnement du rayonnement électromagnétique. A ce jour, le blindage électro-magnétique est essentiellement réalisé à l'aide de matériaux conducteurs classiques comme le cuivre, l'aluminium, l'acier et le zinc. Cependant, certains laboratoires, de par le monde, ont prévus des programmes de recherche importants afin d'examiner la possibilité de remplacer ces matériaux classiques coûteux par des polymères conducteurs [3]. Pour notre part, nous étudions la faisabilité d'un blindage à base des polymères conducteurs composites.

MOTIVATION

Notre intérêt pour ce thème a été suscité par le fait que la science des polymères conducteurs est prometteuse pour plusieurs domaines technologiques à l'instar de ceux de l'électronique organique, de l'utilisation de l'énergie solaire pour la production du courant électrique, du blindage électromagnétique, des systèmes furtifs [4], etc. En effet, ce type de matériau est principalement recherché pour son coût de revient relativement bas et pour les nombreuses propriétés qu'il renferme, comme sa facilité de conception, sa flexibilité et sa légèreté.

POSITION DE PROBLEME

Le développement technologique dans les domaines de la télécommunication et de la microélectronique est inévitablement accompagné par des nuisances et des perturbations électromagnétiques. Ceci a poussé les législateurs à être de plus en plus strictes et fermes. La directive européenne sur la compatibilité électromagnétique 89/336/CEE applicable à compter du 1er

8

Janvier 1996 et modifiée par la directive 92/31/CEE, s'inscrit dans cette ligne. Elle s'applique à tous les appareils susceptibles de créer des perturbations électromagnétiques ou, dont le fonctionnement peut être affecté par ces perturbations. Pour protéger les différents systèmes et l'environnement de ces rayonnements parasites [2], il est conseillé d'utiliser des blindages électromagnétiques.

Dans le présent travail, nous nous proposons d'examiner le phénomène du blindage électromagnétique à l'aide des polymères composites conducteurs. Il s'agit pour nous d'essayer de remplacer ces matériaux classiques par ce nouveau type de matériaux composites à base de polymères. A cet effet, nous réalisons une étude comparative où nous étudions l'influence du matériau utilisé sur l'efficacité du blindage en champs lointain. En plus d'une introduction générale et d'une conclusion, ce travail se subdivise en deux grands chapitres.

Dans le premier chapitre, nous présentons les concepts scientifiques essentiels se rapportant au phénomène du blindage électromagnétique et aux polymères composites conducteurs. Ce chapitre rappelle, entre autres, la définition de la compatibilité électromagnétique, les caractéristiques des ondes électromagnétiques, leur source d'émission, l'efficacité du blindage électromagnétique et le formalisme mathématique dans le cas du champ lointain.

Le deuxième chapitre constitue notre contribution personnelle. Il traite des résultats obtenus et présente leurs discussions. Nous nous intéressons, particul-ièrement, à l'étude de l'influence de la fréquence d'émission de la source du rayonnement électromagnétique, de l'épaisseur de l'écran du blindage utilisé et de la fraction volumique du renfort, sur le comportement électromagnétique du nylon6 /aluminium, nylon6/zinc, polyéthylène haute densité/trioxyde de vanadium, polyéthylène basse densité/trioxyde de vanadium et de leurs matériaux de renfort. 9

REFERENCES BIBLIOGRAPHIQUES

[1] S. N. Ahmed, critères applicables à la résolution de plaintes reliées à l'immunité des appareils et mettant en jeu les émissions fondamentales d'émetteurs de radio-communications, Industrie Canada. ACEM-2 1ère édition Juin 1994. Publication autorisée par Industrie Canada.

[2] Didier Padey, les polymères composites conducteurs pour la protection électromagnétique: www.agmat.asso.fr/syntheses/protelecN.htm

[3] M. HAMMOUNI., contribution à l'étude de la conductivité électrique des polymères conducteurs cas du polymère conducteur composite PE/TiB$_2$, thèse de doctorat, 19 février (2006), Faculté des Sciences, Université de Tlemcen, Algérie.

[4] S.BENSENOUCI, contribution à l'étude de transport électronique dans les polymères conducteurs intrinsèques, thèse de magister, juin 2003, Faculté des Sciences, Université de Tlemcen, Algérie.

Chapitre 1

Concepts fondamentaux

Dans ce chapitre, nous présentons d'une manière aussi simple que possible un certain nombre de concepts et de notions qui seront utilisés d'une manière directe ou indirecte dans la suite de ce travail.

Dans cette partie qui constitue un support théorique au travail effectué, notre objectif n'est pas de présenter des travaux et des résultats originaux, mais de donner une vue aussi cohérente que possible d'un ensemble très vaste de concepts rapportés par les auteurs cités dans les références bibliographiques [1-11]. Les notions que nous présentons dans cette partie sont déjà connues. Cependant, leur rappel constitue, certainement, une référence facilement accessible à tout lecteur du présent manuscrit et une précieuse aide pour mieux comprendre le phénomène du blindage électromagnétique.

1. INTRODUCTION

Le blindage électromagnétique assure une immunité aux composants sensibles contre les interférences électromagnétiques provenant de l'extérieur et/ou empêche les émissions excessives d'interférences électromagnétiques vers d'autres équipements sensibles [1].

2. MATERIAUX COMPOSITES

Un matériau composite est l'association d'au moins deux constituants, un renfort et une matrice [2].

2. 1. Renfort

Le renfort est une armature ou squelette, qui assure la tenue mécanique du matériau composite. On peut le trouver sous différente forme, sphère ou fibres et différente nature, organique ou inorganique (figure 1) [2].

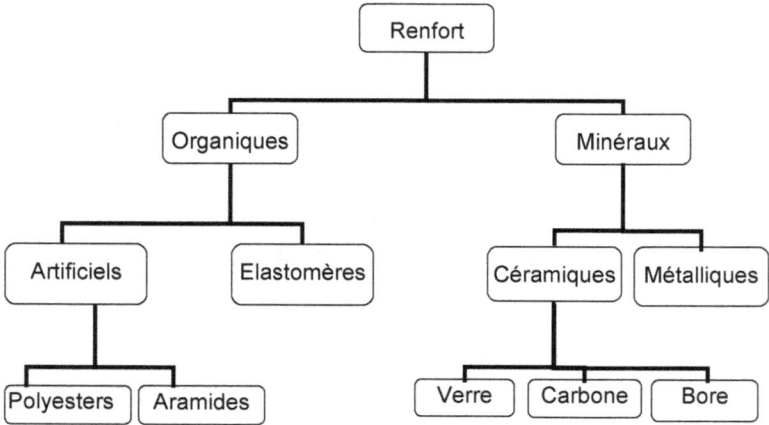

Figure 1: Différents types de renfort [2].

2. 2. Matrice

La matrice représente la phase continue, elle lie les renforts, répartit les efforts de résistance à la compression ou à la flexion et assure la protection chimique [2]. Elle peut être un polymère ou une résine organique, (figure 2).

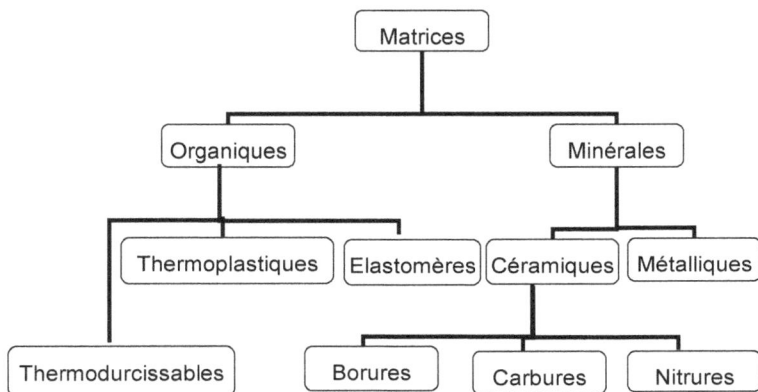

Figure 2: Différents types de matrice [2].

3. POLYMERES CONDUCTEURS

Les polymères conducteurs peuvent être utilisés de manière fiable et économique dans des applications nécessitant un blindage contre les interférences électromagnétiques. Ces matériaux offrent aux concepteurs et fabricants une extrême souplesse et des avantages importants par rapport aux métaux, aux résines non chargées et aux revêtements [3]. Il existe deux grandes familles des polymères conducteurs : les polymères conducteurs intrinsèques et les polymères conducteurs extrinsèques [4].

3. 1. Polymères conducteurs intrinsèques

Cette famille se subdivise en deux groupes: les polymères conducteurs ioniques et les polymères conducteurs électroniques.

3. 1. 1. Polymères conducteurs ioniques

Ce sont des matériaux dont la matrice de polymère est porteuse de charges ioniques liées à la chaîne de polymère par liaison covalente; leur conductivité électrique se situe entre 10^{-9} et 10^{-2} S/cm, on les utilise dans la production de chlore par procédé électromembranaire, qui est l'application industrielle la plus importante. On peut également les trouver en électrolyse, en électrodialyse, dans la production de sel de table et la déminéralisation de produits organiques [4].

3. 1. 2. Polymères conducteurs électroniques

Les polymères conducteurs électroniques ont connu leur premier essor après les travaux *de* Schirakawa (1977) concernant le dopage du polyacétylène par l'iode. Le phénomène de conduction est assuré par l'alternance des liaisons simples et doubles de la même chaîne du polymère [4].

3. 2. Polymères conducteurs composites

Ils résultent de la composition d'une matrice de polymère, siège d'une répartition d'un pourcentage de particules conductrices de différentes formes (sphériques, fibres...) et de différentes natures (organiques, inorganiques). Dans ce type de matériau, la conduction est due au phénomène de percolation [5].

3. 2. 1. Conduction électrique dans les polymères composites

Dans les polymères conducteurs composites, le régime de conduction passe brusquement de l'état isolant (faible conductivité électrique) à l'état conducteur (haute conductivité électrique) pour une concentration critique en particules conductrices. On peut représenter ce phénomène par la figure ci-dessous [3].

14

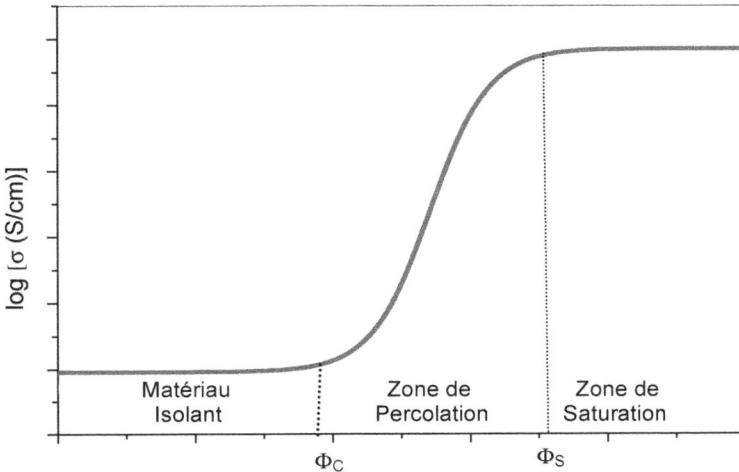

Figure 3: Variation de la conductivité électrique d'un polymère composite conducteur en fonction de la fraction volumique Φ du renfort [3].

4. COMPATIBILITE ELECTROMAGNETIQUE

Selon la norme NF C 15-100, la compatibilité électromagnétique est la capacité d'un dispositif, d'un équipement ou d'un système à fonctionner de manière satisfaisante dans son environnement électromagnétique sans perturbations intolérables [6].

4. 1. Perturbation électromagnétique

La perturbation électromagnétique est un phénomène susceptible de créer des troubles de fonctionnement d'un dispositif, d'un appareil, d'un système, ou d'affecter défavorablement la matière vivante ou inerte.

Une perturbation électromagnétique peut être un bruit, un signal non désiré ou une modification du milieu de propagation lui-même [6].

15

4. 2. Niveau de compatibilité électromagnétique

C'est le niveau maximal spécifié des perturbations électromagnétiques auquel peut être soumis un dispositif, un appareil ou un système fonctionnant dans des conditions particulières. En pratique, le niveau de compatibilité électromagnétique n'est pas un niveau maximal absolu mais peut être dépassé avec une faible probabilité [6].

4. 3. Niveau d'immunité

C'est le niveau maximal d'une perturbation électromagnétique de forme donnée agissant sur un dispositif, un appareil ou un système particulier, pour lequel celui-ci demeure capable de fonctionner avec la qualité voulue [6].

4. 4. Susceptibilité électromagnétique

Elle est définie comme étant l'inaptitude d'un dispositif, d'un appareil ou d'un système à fonctionner sans dégradation de qualité en présence d'une perturbation électromagnétique [6]. Si la compatibilité électromagnétique est ignorée, ou incorrectement traitée, les conséquences peuvent aller d'une simple nuisance à une grave interruption de service, voire des dommages sérieux aux biens ou aux personnes. Les simples gênes sont, celles d'un parasitage sur la radio, sur la TV ou sur un téléphone, un rapport signal / bruit dégradé sur une chaîne analogique, des ratés sur un allumage électronique d'automobile, etc. [7].

Dans la liste des incidents graves, qui malheureusement s'allonge, on peut citer le blocage complet d'un processus de fabrication industrielle, la manoeuvre involontaire d'un pont roulant ou d'un robot dans un hall d'usine, l'impossibilité de basculer de normal à secours le réseau électrique d'un hôpital entier, la destruction d'un système par les effets indirects de la foudre, la mise à feu inopinée d'un dispositif pyrotechnique, voire d'un missile, etc.

Enfin, un secteur particulier, l'anti-compromission concerne la défense contre l'espionnage ou le piratage électronique par la capture de signaux électromagnétiques, conduits ou rayonnés [7].

Une bonne compatibilité électromagnétique dicte que chaque équipement ne soit ni perturbateur, ni perturbé. Cette cohabitation implique des précautions pour maîtriser à la fois les émissions électromagnétiques des appareils et leur susceptibilité aux perturbations ambiantes [7].

Comme il n'est pas économiquement et techniquement réaliste de construire des équipements qui n'émettent rien et qui résistent à tout, il existe des règles, sous forme de limites standard, qui permettent de gérer les cohabitations en fonction des principales catégories d'environnement. Ces limites régissent [7] :

• les émissions de signaux indésirables par conduction et rayonnement,

• l'immunité à des perturbations reçues par conduction et rayonnement.

5. SOURCES DE PERTURBATION

Les sources de perturbation électromagnétique sont nombreuses. Certaines sont d'origine naturelle comme les foudres et les décharges électrostatiques. Le plus grand nombre est, cependant, d'origine artificielle. De telles perturbations font inévitablement partie de l'environnement. Elles sont licites et on ne peut les empêcher de générer des émissions hautes fréquences (HF) [7].

5. 1. Exemples de perturbation électromagnétique

• Les émetteurs hertziens (radio, TV, radionavigations, radars, radio-téléphones, etc.) et les appareils hautes fréquences industriels, scientifiques ou médicaux. D'autres appareils n'ont pas pour principe l'émission d'énergie hautes fréquences, mais leur fonctionnement en génère inévitablement comme :

• Les circuits numériques, microprocesseurs..., principalement par leurs horloges,

• Les convertisseurs à découpage, gradateurs et variateurs de vitesse,

- L'oscillateur local d'un récepteur radio,

- L'allumage des véhicules,

- La soudure à l'arc,

- Les tubes à décharge (néons, flashes),

- Les composants électromécaniques (relais, moteurs, contacts secs, etc.).

6. ONDES ELECTROMAGNETIQUES

Les ondes électromagnétiques peuvent être générées d'une manière naturelle ou d'une manière artificielle. Une onde électromagnétique est une double ondulation, d'un champ électrique E, d'une part, et d'un champ magnétique H, d'autre part. Ces champs sont perpendiculaires l'un à l'autre et se déplacent dans l'air, avec la même ondulation, à la vitesse de la lumière, soit près de 3.10^8 m/s, (figure 3) [8].

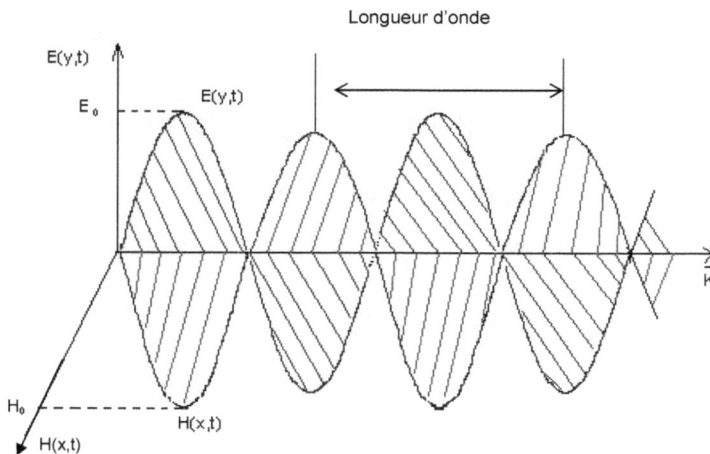

Figure 4: Composition d'une onde électromagnétique [8].

Les quatre caractéristiques principales d'une onde électromagnétique sont :
La fréquence f, la longueur d'onde λ, l'énergie photonique E et l'amplitude ω.
Trois de ces caractéristiques sont liées entre elles, (équations (1) et (2)).

$$C = \lambda \ f \tag{1}$$

$$E = f \ h \tag{2}$$

Avec h: constante de Planck.

Plus la fréquence est haute, plus la longueur d'onde est courte et plus l'énergie photonique est élevée.

6.1. Spectre électromagnétique

La figure 4 décrit les différentes radiations du spectre électromagnétique.
Leur dénomination tient à des raisons historiques mais également à la façon dont elles ont été générées.

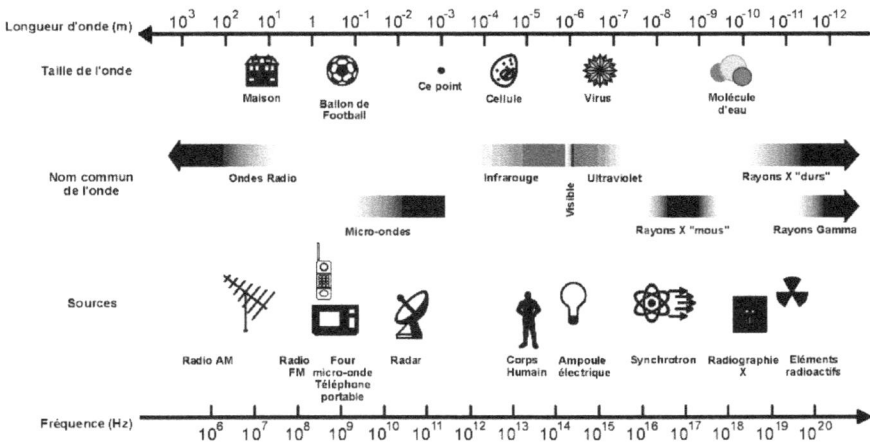

Figure 5: Différents types d'ondes électromagnétiques et leurs sources [8].

Les frontières entre les différentes radiations sont toutes artificielles. En allant des ondes radio vers les rayons gamma, la longueur d'onde devient plus courte, les ondes deviennent plus pénétrantes, la fréquence augmente, et l'énergie devient plus élevée, au-delà des rayons gamma se trouvent les rayons cosmiques dont la fréquence est de l'ordre de 10^{30} Hz [8].

Le spectre électromagnétique décrit la répartition des ondes électromagnétiques en fonction de leur fréquence, les ondes de faible fréquence, de quelques kilohertz à plusieurs gigahertz, sont appelées ondes radio ou ondes hertziennes. À des fréquences plus élevées se trouvent par ordre de fréquence croissant l'infrarouge, la lumière visible (longueur d'onde entre 400 et 700 nm) et l'ultraviolet. Enfin, aux fréquences les plus élevées, se trouvent le domaine des rayons X (entre 1 et 100 nm), puis celui des rayons gamma (longueur d'onde inférieure à 1 nm) [8].

6.2. Propriétés physiques des ondes électromagnétiques

Toutes ces ondes obéissent aux mêmes lois physiques qui sont gouvernées par les équations de Maxwell. Elles se propagent toutes à la même vitesse dans le vide, c'est-à-dire à la vitesse de la lumière (3.10^8 m.s^{-1}) [9]. Cependant, si une onde rencontre un milieu matériel (air, ionosphère, métal, eau, etc.), elle se comporte différemment selon sa fréquence.

Par exemple, si la lumière (partie visible du spectre) traverse de l'eau de mer quasiment sans être absorbée, il n'en est pas de même pour une onde radio, ce qui crée des problèmes de communication à un sous-marin en plongée. De même, la lumière visible est arrêtée par quelques micromètres de métal, alors qu'il faut une grande épaisseur de plomb pour arrêter le rayonnement gamma [8].

6.3. Applications

Depuis que le physicien allemand Heinrich Hertz a découvert les ondes électromagnétiques à la fin du 19e siècle, leurs applications font partie intégrante de notre vie. La technologie et les appareils utilisant des ondes électroma-gnétiques sont omniprésents à la maison, au travail, dans le commerce, dans l'industrie ou dans le monde médical. Notre société moderne d'information s'est développée grâce à l'utilisation d'ondes électromagnétiques [8].

Au début du vingtième siècle, l'ingénieur italien Marconi s'est rendu célèbre par la première communication radio par delà l'Océan Atlantique [8]. La télé-communication sans fil était née. Les micro-ondes ont été découvertes peu de temps après et les systèmes radar permettant d'intensifier et surtout de rendre plus sûre la navigation maritime et aérienne ont été développés. Au début des années 1960, les Etats-Unis et l'union soviétique ont placé les premiers satellites sur orbite autour de la terre. La communication par satel-lite a engendré une véritable révolution dans le secteur des télécommunica-tions et dans les systèmes d'observation et de navigation électroniques. Grâce à des inventions ingénieuses, le secteur des télécommunications a at-teint une vitesse vertigineuse ces dernières années, avec des possibilités in-soupçonnées pour le grand public [8]. L'exemple, par excellence, réside dans la téléphonie mobile digitale, plus simplement appelée le " GSM ".

Le four à micro-ondes quant à lui a été breveté en 1951. Dès que son prix est devenu abordable, il a fait son entrée dans les ménages à partir des années 1980. Bancs solaires, systèmes d'alarme et de surveillance, commandes à distance de toutes sortes, ordinateurs, radios et télévisions: autant d'appa-reils qui utilisent les ondes radio et qui rendent la vie plus riche, plus confor-table et plus facile [8].

Wilhelm Röntgen a découvert les rayons X, qui sont beaucoup utilisés en médecine. Pierre et Marie Curie ont étudié le rayonnement radioactif. Le monde médical utilise l'ensemble du spectre des ondes électromagnétiques, tout comme l'industrie.

6.4. Caractéristiques des ondes électromagnétiques

Les caractéristiques des ondes sont différentes selon la distance à la source et selon leur nature qui est définie par la valeur de leur impédance [9].

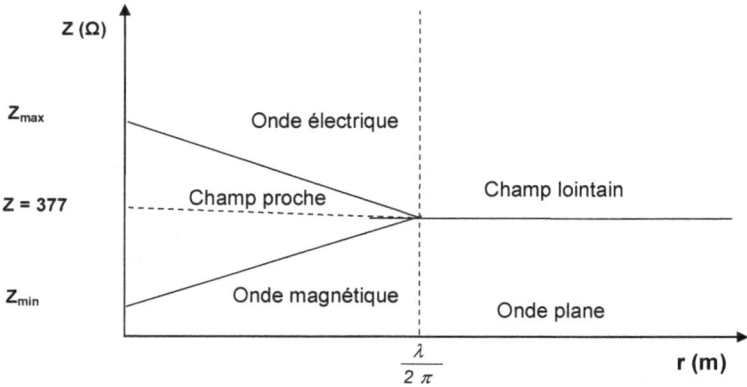

Figure 6: Caractéristiques d'une onde électromagnétique [9].

Comme indiqué sur la figure 5, il est possible de distinguer deux régimes différents suivant la valeur de la distance à la source:

- régime du champ proche: $r < \lambda/2\pi$,
- régime du champ lointain: $r > \lambda/2\pi$.

Où r est la distance qui sépare l'écran de blindage de la source du rayonnement.

Par exemple pour une fréquence d'émission f =100 Mhz, la longueur d'onde λ est d'environ 3m. Le champ proche s'étend donc jusqu'à environ r=0,5 m de la source.

6.5. Impédance des ondes électromagnétiques

La nature d'une onde électromagnétique est définie par la valeur de l'impédance Z. On exprime l'impédance Z d'une onde électromagnétique par le rapport:[9]

$$Z = \frac{E}{H} \qquad (3)$$

Cette impédance définit la nature de l'onde et s'exprime en ohms.

Si E est très grand devant H, Z est supérieure à 1 et l'onde est à dominante électrique. Ce type d'onde Correspond également à des sources à impédance élevée par conséquent à courant faible et tension élevée [9].

$$Z_{max} = \frac{1}{\varepsilon_0 \; \omega \; r} \qquad (4)$$

ε_0: La permittivité du vide en Faraday par mètre (F/m).

Si E est très petit devant H, Z est inférieure à 1 et l'onde est à dominante magnétique. Ce type d'onde correspond à des sources à impédance faible par conséquent à courant fort et basse tension.

$$Z_{min} = \mu_0 \; \omega \; r \qquad (5)$$

μ_0: La perméabilité magnétique du vide en Henry par mètre (H/m).

En champ lointain, les valeurs de E et H sont identiques et indépendantes de la source de rayonnement. L'impédance qui caractérise la nature des ondes vaut dans ce cas $377\,\Omega$. Elle est donc constante et indépendante de la nature des sources. Si l'on mesure le champ magnétique, on peut déduire le champ électrique et réciproquement. Mais rien ne permet de distinguer la nature de la source et l'onde a les caractéristiques d'une onde plane [9].

$$Z_{max} = Z_{min} \Rightarrow r = \frac{\lambda}{2\pi} \qquad (6)$$

En champ proche, lorsqu' une onde à caractère électrique est générée, l'impédance d'onde est plus élevée près de la source et décroît en 1/r avec la distance à cette même source, par contre lorsqu'une onde à caractère magnétique est générée, l'impédance d'onde est plus faible prés de la source et croit en r avec la distance à cette même source [9].

Ces résultats sont valables quelle que soit la géométrie de la source rayonnante. Ils sont illustrés par la figure 5 qui montre l'évolution de l'impédance d'onde Z avec la distance à la source (exprimée en unités de $\frac{\lambda}{2\pi}$). Les valeurs des impédances des ondes électriques et magnétiques décroissent et croissent respectivement jusqu'à la distance $r = \frac{\lambda}{2\pi}$ fin du champ proche, où elles prennent la même valeur $Z_0 = 377\Omega$, impédance du champ lointain, par ailleurs, la figure ci-dessous montre schématiquement l'évolution de l'intensité relative des composantes d'une onde électromagnétique en fonction de la distance r.

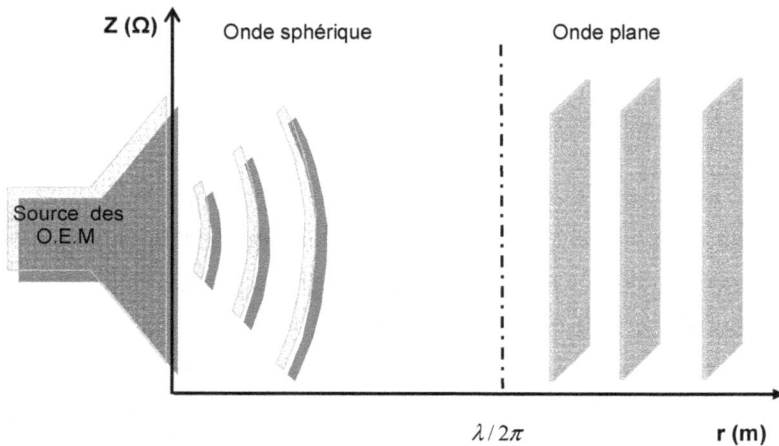

Figure 7: Différentes formes géométriques d'une onde électromagnétique [9].

La structure des ondes évolue progressivement vers une structure unique d'onde plane en champ lointain, par contre dans le champ proche les ondes se propagent sous forme des demi cercles concentriques [9].

7. BLINDAGE ELECTROMAGNETIQUE

Le blindage électromagnétique est une protection qui consiste à réduire le champ électromagnétique au voisinage d'un objet en interposant un écran entre la source du champ et l'objet à protéger. L'écran doit être fait d'un matériau conducteur électrique. Les blindages électromagnétiques sont utilisés pour protéger les équipements électroniques des parasites électriques et des radiofréquences [10].

Le blindage électromagnétique peut réduire l'influence des micro-ondes, de la lumière visible, d'autres champs électromagnétiques et des champs électrostatiques. Plus particulièrement, une enceinte conductrice utilisée pour isoler des champs électrostatiques est connue sous le nom de cage de FARADY. En revanche, un blindage électromagnétique ne peut pas isoler des champs magnétostatiques, pour lesquels le recours à un blindage magnétique est nécessaire [10].

Intuitivement, on conçoit qu'un équipement enfermé dans un caisson métallique intégral sans la moindre fuite, ne soit ni émetteur, ni susceptible. Heureusement, ce concept de cage de Faraday quasi-parfaite est rarement indispensable. Pour la plupart des équipements électroniques, la compatibilité électromagnétique peut être satisfaite grâce à des réalisations de blindage plus modestes [10].

Selon l'application et l'environnement visés [10], on utilise le blindage pour :
Atténuer le champ électromagnétique émis par un appareil afin de le rendre conforme aux normes d'émission rayonnée.

• Atténuer le champ électromagnétique ambiant reçu par les circuits internes de l'appareil, pour le rendre conforme aux normes d'immunité rayonnée.

• Réaliser un écran autour d'un câblage et améliorer la continuité électrique entre les blindages de câble et le châssis d'un appareil de façon à ce que ces câbles blindés jouent pleinement leur rôle,

7. 1. But du blindage électromagnétique

Un blindage électromagnétique est une enveloppe conductrice qui sépare l'espace en deux régions, l'une contenant des sources de champs électro-magnétiques, l'autre non. On utilise un blindage électromagnétique pour limi-ter l'émission des champs vers l'extérieur ou pour protéger des sources contre les perturbations de l'extérieur ((a) ou (b)) [10].

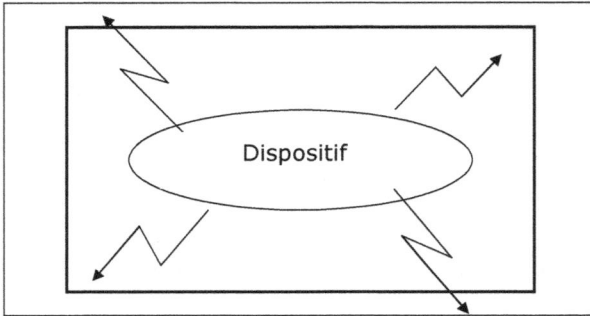

(a)

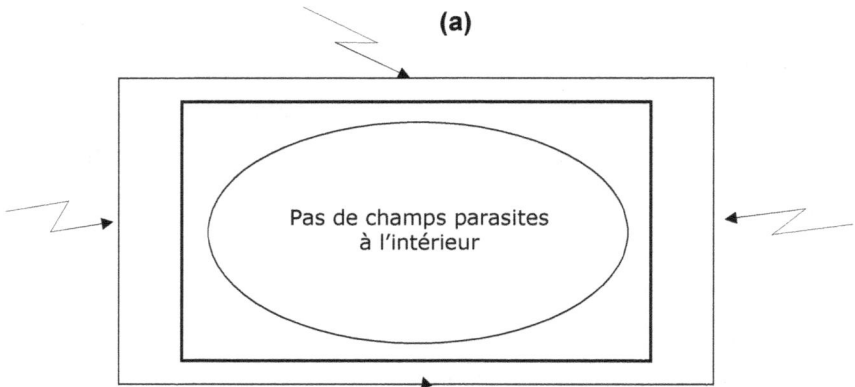

(b)

Protéger un système est une chose, mais il faut que l'ensemble satisfasse aux normes de compatibilité électromagnétique. Par exemple, si on désire augmenter l'immunité d'un circuit placé physiquement sur un circuit imprimé, on place le circuit imprimé dans une boite métallique, mais si les entrées de l'extérieur vers ce dernier ne sont pas protégées, les champs électromagnétiques pourront transiter via les entrées vers l'extérieur [10].

La diminution du champ électromagnétique par le blindage dépend de plusieurs facteurs [13], tels que:

• La distance entre la source et le matériau a protégé.

• La nature du champ incident et sa fréquence.

• La nature et l'épaisseur du matériau de blindage.

• La forme du blindage, la présence d'ouvertures et la direction de polarisation du champ incident.

7. 2. Blindage électromagnétique parfait

Si le blindage était parfait, il créerait une région complètement dépourvue de champ. Cependant il n'existe pas de matériau à conductivité infinie qui permet de créer un blindage parfait. Donc aucun blindage ne peut être une enceinte complètement fermée, car il serait absurde d'imaginer l'existence d'un équipement complètement isolé, sans communication avec l'extérieur [10].

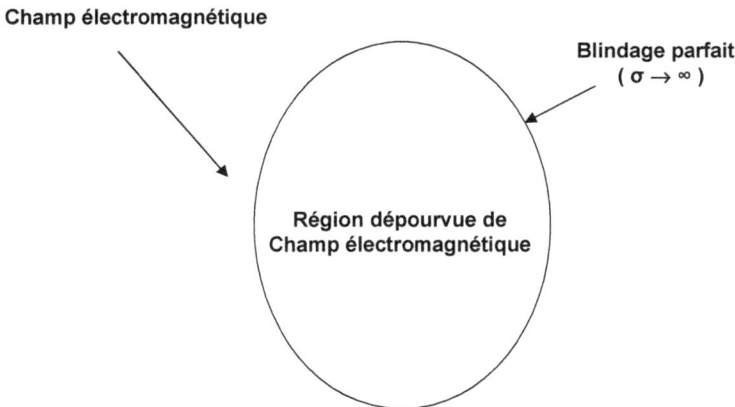

Figure 8: Blindage parfait [10].

Cette communication est nécessaire pour l'alimentation de l'équipement en énergie électrique, le transfert des informations entre cet équipement et d'autres systèmes et la ventilation [10]. Pour cela il y aura toujours une pénétration de champ électromagnétique à travers les parois soit par diffusion soit par des ouvertures soit par conduction.

7. 3. Fonctionnement du blindage électromagnétique en haute fréquence

Un champ électromagnétique consiste en un champ électrique et un champ magnétique variables et couplés. Le champ électrique produit une force sur les porteurs de charge électrique des matériaux conducteurs (les électrons).

Aussitôt qu'un champ électrique est appliqué à la surface d'un conducteur parfait, il produit un courant électrique. Le déplacement de charges au sein du matériau diminue le champ électromagnétique à l'intérieur du matériau [10].

De la même façon, des champs magnétiques variables génèrent des vortex de courant électrique qui agissent de façon à annuler le champ magnétique. Un conducteur électrique qui ne serait pas ferromagnétique laisse librement passer le champ magnétique. Le rayonnement électromagnétique est réfléchi entre l'interface d'un conducteur et d'un isolant. Ainsi, les champs électromagnétiques existant à l'intérieur du conducteur n'en sortent pas et les champs électromagnétiques externes n' y entrent pas [10].

Plusieurs facteurs limitent l'efficacité d'un blindage électromagnétique réel. L'un est que, en raison de la résistance électrique du conducteur, le champ créé au sein du matériau n'annule pas complètement le champ extérieur. D'autre part, la plupart des conducteurs ne peuvent atténuer les champs magnétiques de faible fréquence. Les trous au sein du matériau permettent aux champs électromagnétiques de passer sans être atténués.

Dans le cas de rayonnements électromagnétiques à haute fréquence, le rayonnement est absorbé dans l'épaisseur du matériau. Cela s'appelle l'effet de peau [10].

7. 3. 1. Effet de peau

L'effet de peau ou effet pelliculaire ou effet Kelvin est un phénomène électromagnétique qui fait que, à fréquence élevée, le courant a tendance à ne circuler qu'en surface des conducteurs [6].

7. 3. 2. Effet de peau pour un conducteur isolé

Ce phénomène d'origine électromagnétique existe pour tous les conducteurs parcourus par des courants alternatifs. Il provoque la décroissance de la densité de courant à mesure que l'on s'éloigne de la périphérie du conducteur. Il en résulte une augmentation de la résistance du conducteur. Cela signifie que le courant ne circule pas dans tout le diamètre du conducteur. La section utile du câble étant plus petite, la résistance augmente, d'où des pertes par effet joule plus importantes [6].

7. 3. 3. Epaisseur de peau

L'épaisseur de peau détermine la largeur de la zone où se concentre le courant dans un conducteur, il est défini aussi comme étant la profondeur maximale de pénétration d'une onde électromagnétique de fréquence f [6].

$$\delta = \sqrt{\frac{2}{\omega \mu \sigma}} = \sqrt{\frac{2 \rho}{\omega \mu}} \qquad (7)$$

δ: L'épaisseur de peau [m].
μ: La perméabilité magnétique du matériau [h/m].
ρ: La résistivité électrique [Ωm]
σ: La conductivité électrique [S/m].

7. 4. Fréquence de coupure

La fréquence à laquelle le signal subit une atténuation de 3 dB (sans réso-nance) et qui définit une séparation entre les fréquences altérées par le filtre et celles qui ne le sont pas. Les fréquences supérieures seront atténuées pour un filtre passe-bas et les fréquences inférieures seront atténuées pour un filtre passe-haut [6].

7. 5. Blindage d'un champ électrostatique

Il est possible de blinder un champ électrostatique en utilisant une cage de Faraday. Le blindage électrostatique est créé par le fait que les charges élec-triques présentes sur la surface conductrice tendent à se distribuer de telle sorte qu'elles éliminent le champ électrique à l'intérieur du matériau conduc-teur. Par conséquent, un champ électrostatique ne pénètre pas un volume se trouvant à l'intérieur d'une enceinte conductrice [10].

Les charges électriques sont totalement mobiles dans les matériaux conduc-teurs. Même dans des structures métalliques extrêmement minces, les charges mobiles sont présentes en quantité suffisante pour créer un blindage efficace. C'est la raison pour laquelle la densité du matériau de blindage est plus importante que son épaisseur dans son efficacité contre le champ élec-trostatique [10].

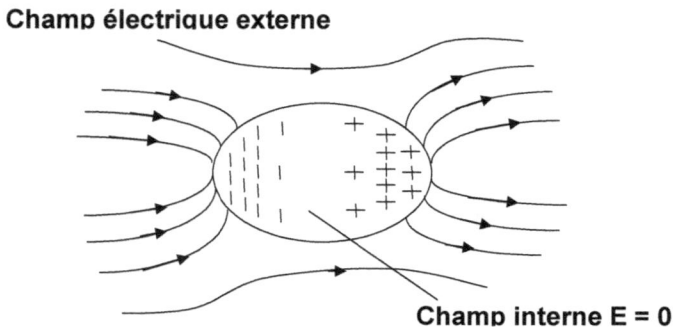

Figure 9: Blindage d'un champ électrostatique [10].

7. 6. Blindage d'un champ magnétostatique en basse fréquence

Il est extrêmement difficile de blinder un champ magnétostatique. Ceci est dû à la dissymétrie dans les équations de Maxwell, dans lesquelles il y a une différence fondamentale entre les champs électrique et magnétique [10]. La quatrième équation de Maxwell $\nabla \vec{B} = 0$ dit que le champ magnétique n'a pas de source équivalente aux charges électriques qui sont à l'origine du champ électrique, selon la troisième équation de Maxwell $\nabla \vec{D} = \rho$. En d'autres termes, il n'y a pas de charges magnétiques.

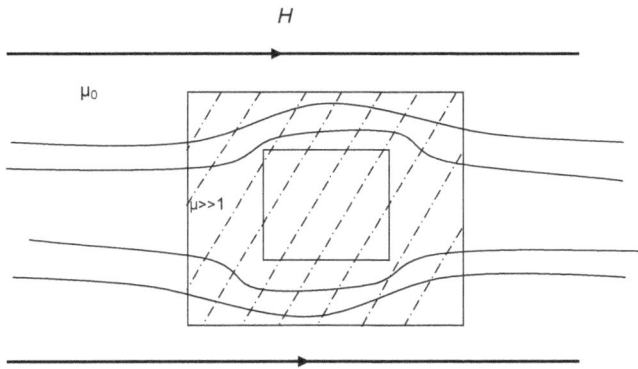

Figure 10: Blindage d'un champ magnétostatique en basse fréquence [10].

Sachant que ce sont les charges électriques qui produisent le blindage contre le champ électrostatique, il est naturel qu'en l'absence de charges magnétiques, le blindage contre le champ magnétostatique soit plus faible [10].

Seuls des matériaux ferromagnétiques dont la courbe de magnétisation a une caractéristique à front très raide, avec une perméabilité relative très élevée (μ_r=20000-25000) permettent un blindage efficace contre des champs magnétostatiques et magnétiques à basse fréquence. Il existe cinq éléments qui sont ferromagnétiques à température ambiante: fer, nickel, cobalt et les deux éléments rares gadolinium et terbium.

Les oxydes et alliages de ces éléments sont eux aussi ferromagnétique. D'autres métaux non ferromagnétiques peuvent aussi former des alliages ferromagnétiques. Des alliages de manganèse et de chrome sont également des matériaux ferromagnétiques connus [10].

8. EFFICACITE D'UN BLINDAGE ELECTROMAGNETIQUE

L'efficacité de blindage électromagnétique est la capacité d'un système ou d'un matériau de ne pas laisser passer les ondes électromagnétiques [9].

Le blindage ou l'écran que l'on interpose entre le système à protéger et l'onde incidente (protection contre le parasitage) ou entre le système émetteur de rayonnement et l'extérieur (limitation de l'émission de rayonnement parasite) aura pour mission d'atténuer fortement l'intensité de l'onde électromagnétique [9].

On parlera alors de l'efficacité du blindage elle est notée par SE son unité est le décibel (dB) [10].

L'atténuation d'une onde électromagnétique au moyen d'un écran peut se produire sous l'effet de trois mécanismes différents: L'absorption notée (A), la réflexion notée (R) et la réflexion interne multiple notée (M) comme il est indiqué dans les figures (11.a, 11.b) [10] :

R (dB): représente les pertes dues à la réflexion sur la surface (gauche) de la barrière. La portion du champ électrique incident qui est réfléchie par la surface est déterminée par le coefficient de réflexion de la surface [10].

A (dB): représente les pertes dues à l'absorption du champ à l'intérieur de la barrière conductrice. L'amplitude du champ est atténuée selon un facteur exp $(-e_P/\delta)$, où δ est la profondeur de pénétration du matériau [10].

M (dB): représente la contribution des réflexions et transmissions multiples à l'intérieur de la barrière [10].

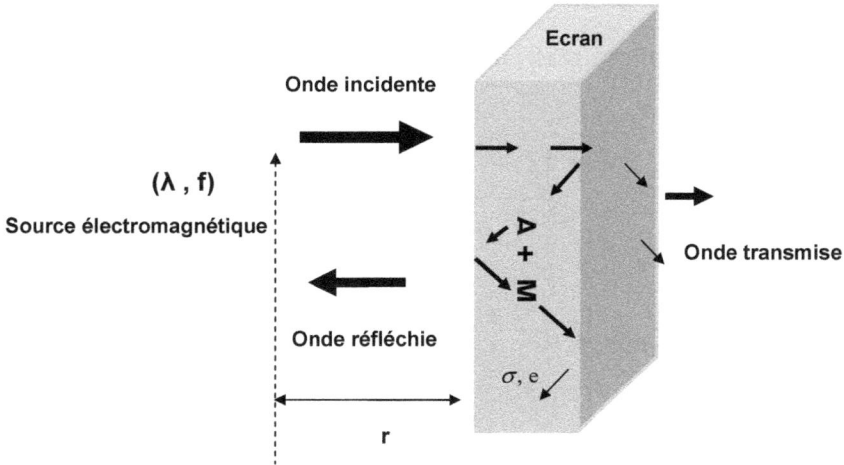

Figure 11a: Atténuations d'une onde électromagnétique à travers un écran.

L'efficacité du blindage peut être décomposée comme suit

$$SE(dB) = R(dB) + A(dB) + M(dB) \qquad (8)$$

8. 1. Calcul de l'efficacité du blindage électromagnétique

L'efficacité du blindage électromagnétique peut être calculée à l'aide des relations suivantes [10]:

$$SE = 10 \, Log\left(\frac{P_i}{P_t}\right) \qquad (9)$$

$$SE = 20 \, Log\left(\frac{E_i}{E_t}\right) \qquad (10)$$

$$SE = 20 \, Log\left(\frac{H_i}{H_t}\right) \qquad (11)$$

E, H et P représentent respectivement la puissance du champ électrique, la puissance du champ magnétique et la puissance électromagnétique.

Les indices i et t concernent respectivement l'onde incidente et l'onde transmise.

Le champ transmis étant au plus égal au champ incident, SE est nécessairement positive [10].

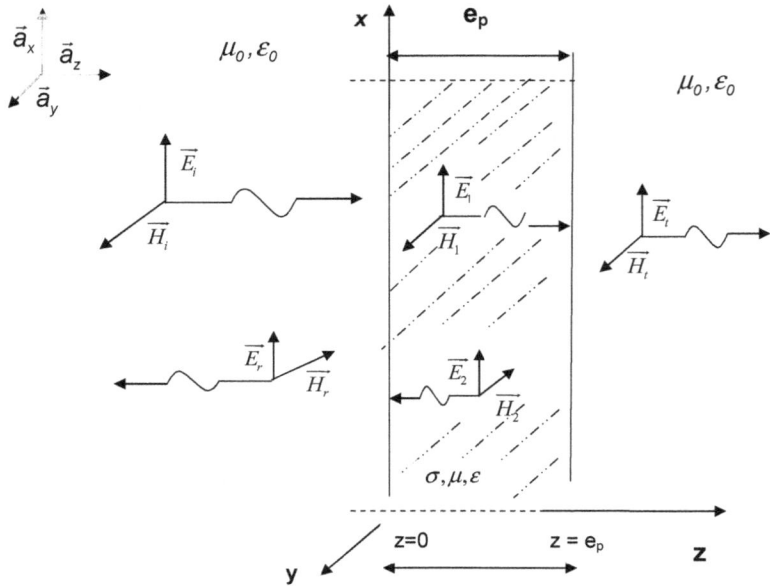

Figure 11b: Atténuations d'une onde électromagnétique à travers un écran [10].

Sur la figure 11b, E_1 et H_1 représentent respectivement les champs électrique et magnétique absorbés par le matériau, E_2 et H_2 sont ceux réfléchis entre les deux parois de l'écran. Les différentes composantes des champs électrique et magnétique illustrées dans la figure 11 b sont données par leur formes générales suivantes [10] :

$$\vec{E_i} = E_i\ exp(j\beta_0 z)\ \vec{a_x} \tag{12}$$

$$\vec{H_i} = \frac{E_i}{\eta_0}\ exp(-j\beta_0 z)\ \vec{a_y} \tag{13}$$

$$\vec{E_r} = E_r\ exp(j\beta_0 z)\ \vec{a_x} \tag{14}$$

$$\vec{H_r} = -\frac{E_r}{\eta_0} \exp(j\beta_0 z) \vec{a_y} \qquad (15)$$

$$\vec{E_1} = E_1 \exp(-\gamma z) \vec{a_x} \qquad (16)$$

$$\vec{H_1} = \frac{E_1}{\eta} \exp(-\gamma z) \vec{a_y} \qquad (17)$$

$$\vec{E_2} = E_2 \exp(\gamma z) \vec{a_x} \qquad (18)$$

$$\vec{H_2} = -\frac{E_2}{\eta} \exp(\gamma z) \vec{a_y} \qquad (19)$$

$$\vec{E_t} = E_t \exp(-j\beta_0 z) \vec{a_x} \qquad (20)$$

$$\vec{H_t} = \frac{E_t}{\eta_0} \exp(-j\beta_0 z) \vec{a_y} \qquad (21)$$

Avec

$$\beta_0 = \omega \sqrt{\varepsilon_0 \, \mu_0} \qquad (22)$$

$$Z_0 = \sqrt{\frac{\mu_0}{\varepsilon_0}} \qquad (23)$$

et

$$\gamma = \sqrt{j\omega\mu(\sigma + j\omega\varepsilon)} = \alpha + j\beta = \frac{1}{\delta} + j\beta \qquad (24)$$

$$Z = \sqrt{\frac{j\omega\mu}{\sigma + j\omega\varepsilon}} \qquad (25)$$

L'amplitude du champ incident E_i est supposée connue [10].

Le champ électrique est donné par la forme générale suivante [11] :

$$E = E_i \, e^{j(Kr - \omega t)} \qquad (26)$$

Où

$K = \frac{2\pi}{\lambda}$: Le module du vecteur d'onde et t : Le temps

Afin de déterminer les amplitudes des champs E_r, E_1, E_2, et E_t, nous avons besoin de quatre équations [10]:

35

Les deux premières équations (27) et (28) sont données par la continuité des composantes tangentielles du champ électrique aux deux interfaces [10],

$$\vec{E_i}\Big|_{z=0} + \vec{E_r}\Big|_{z=0} = \vec{E_1}\Big|_{z=0} + \vec{E_2}\Big|_{z=0} \tag{27}$$

$$\vec{E_1}\Big|_{z=e_p} + \vec{E_2}\Big|_{z=e_p} = \vec{E_t}\Big|_{z=e_p} \tag{28}$$

Les deux dernières équations (29) et (30) sont données par la continuité des composantes tangentielles du champ magnétique aux deux interfaces [10].

$$\vec{H_i}\Big|_{z=0} + \vec{H_r}\Big|_{z=0} = \vec{H_1}\Big|_{z=0} + \vec{H_2}\Big|_{z=0} \tag{29}$$

$$\vec{H_1}\Big|_{z=e_p} + \vec{H_2}\Big|_{z=e_p} = \vec{H_t}\Big|_{z=e_p} \tag{30}$$

En remplaçant les expressions données par (12)-(21) dans les équations (27)-(30), on obtient les 4 équations suivantes [10]:

$$E_i + E_r = E_1 + E_2 \tag{31}$$

$$E_1 \, exp(-\gamma \, e_P) + E_2 \, exp(\gamma \, e_P) = E_t \, exp(-j \, \beta_0 \, e_P) \tag{32}$$

$$\frac{E_i}{\eta_0} + \frac{E_r}{\eta_0} = \frac{E_1}{\eta} + \frac{E_2}{\eta} \tag{33}$$

$$\frac{E_1}{\eta} \, exp(-\gamma \, e_P) - \frac{E_2}{\eta} \, exp(\gamma \, e_P) = \frac{E_t}{\eta} \, exp(-j \, \beta_0 \, e_P) \tag{34}$$

8. 2. Champ lointain

Le champ électromagnétique est dit lointain lorsque les deux champs électrique et magnétique sont couplés et forment une onde électromagnétique plane (figure 6). Les atténuations dues à l'absorption, celles dues à la réflexion et les efficacités globales du blindage électromagnétique dans le cas du champ lointain sont données par les équations suivantes [11]:

La résolution des équations (31 à 34) donne le rapport entre les champs incident et transmit dans la région du champ lointain.

$$\frac{E_i}{E_t} = \frac{(Z_0 + Z)^2}{4 Z_0 Z} \left[1 - \left(\frac{Z_0 - Z}{Z_0 + Z} \right)^2 e^{\frac{-2e_p}{\delta}} e^{-j\beta e_P} \right] e^{\frac{e_p}{\delta}} e^{j\beta e_p} e^{-j\beta_0 e_p} \qquad (35)$$

δ est définie par l'équation (7).

Pour $e_p = \delta$, on peut déterminer la fréquence angulaire de coupure ω_c [11].

$$\omega_c = \frac{2}{\sigma \mu_0 e_p^{\,2}} \Rightarrow f_c = \frac{1}{\sigma \mu_0 e_p^{\,2} \, \pi} \cdot \frac{1}{2} \qquad (36)$$

Pour des fréquences inférieures à la fréquence critique ($\omega < \omega_c$) [11]:

$$SE = 20 \, log \left(1 + \frac{Z_0 \, \sigma \, e_P}{2} \right) = 20 \, log \left(1 + \frac{Z_0}{2 \, R_s} \right) \qquad (37)$$

$$Z_0 = \left(\frac{\mu_0}{\varepsilon_0} \right) \qquad (38)$$

et $\qquad\qquad R_s = \dfrac{1}{\sigma \ e_P} \qquad (39)$

Pour des fréquences supérieures à la fréquence critique ($\omega > \omega_c$) [11]:

On suppose que

La barrière est construite d'un bon conducteur, par conséquent l'impédance intrinsèque du conducteur est beaucoup plus petite que celle de l'air ($Z \ll Z_0$) [10].

Par conséquent,

$$\frac{Z_0 - Z}{Z_0 + Z} \cong 1 \qquad (40)$$

La profondeur de pénétration δ est beaucoup plus petite que l'épaisseur de la barrière e_P[10].

Donc,

$$e^{-\gamma e_p} = e^{-\alpha e_p} e^{-j\beta e_p}$$

$$= e^{-\frac{e_p}{\delta}} e^{-j\beta e_p} \qquad (41)$$

$$\ll 1 \qquad \text{pour } e_P < \delta$$

En remplaçant ces deux équations dans le résultat exact (35) et en prenant le module nous donne [10]:

$$\left| \frac{E_i}{E_t} \right| = \left| \frac{(Z_0 + Z)^2}{4 Z_0 Z} \right| e^{\frac{e_p}{\delta}} \cong \left| \frac{Z_0}{4Z} \right| e^{\frac{e_p}{\delta}} \tag{42}$$

En prenant le logarithme pour exprimer l'efficacité de blindage en dB, on obtient :

$$S E = 20 \log \left| \frac{Z_0}{4Z} \right| + 20 \log e^{\frac{e_p}{\delta}} + M \tag{43}$$

8. 2. 1. Atténuation due aux réflexions multiples

Les pertes dues aux réflexions multiples sont données par le deuxième terme de l'équation (35):

$$M = 20 \log \left| 1 - \left(\frac{Z_0 - Z}{Z_0 + Z} \right)^2 e^{-2\frac{e_p}{\delta}} e^{-j2\beta e_p} \right|$$

$$= 20 \log \left| 1 - e^{2\frac{e_p}{\delta}} e^{-j2\frac{e_p}{\delta}} \right| \tag{44}$$

8. 2. 2. Atténuation due à l'absorption

$$A = 20 \log e^{\frac{e_p}{\delta}} \tag{45}$$

Où,

$\omega = 2 \pi f$: pulsation de l'onde électromagnétique.

$\mu = \mu_0 . \mu_r$ Perméabilité magnétique du matériau.

Avec $\mu_r = 1$ (matériaux non ferromagnétiques).

8. 2. 3. Atténuation due à la réflexion

$$R = 20 \log \sqrt{\frac{\sigma}{16 \, \omega \, \varepsilon}} \tag{46}$$

Où, ε =ε₀.εᵣ: Constante diélectrique du matériau.

Avec $\varepsilon_r = 1$ (matériaux non ferromagnétiques).

Où,

ε_0 : représente la permittivité diélectrique du vide.

8. 2. 4. Atténuation globale

Dans la relation (8), M représente l'atténuation due aux réflexions multiples. Cette atténuation peut être négligée pour des matériaux de blindage bons conducteurs dont l'épaisseur est beaucoup plus grande que la profondeur de pénétration δ de l'onde électromagnétique $e_p \geq \delta$.

Dans ces conditions, la relation (8) s'écrit [11]:

$$SE = 10 \log \left(\frac{\sigma}{32 \pi f \, \varepsilon_0} \right) + 20 \log e^{\frac{e_p}{\delta}} \qquad (47)$$

Où

$\varepsilon_0 = 8.854 \ 10^{-12} \ F/m$.

$\mu_0 = 4 \pi \ 10^{-7} \ H/m$.

9. TECHNIQUES DE REVETEMENT CONDUCTEUR

Comme nous l'avons vu précédemment, le terme composite conducteur défi-nit un deuxième groupe qui concerne les polymères thermoplastiques ayant reçu un traitement de surface afin de présenter un revêtement conducteur électrique intimement lié à leur surface [5].

En raison des difficultés de mise en oeuvre et du niveau moyen de qualité de surface des composites conducteurs du premier groupe qui affectent leur fa-vorable aux problèmes de blindage contre les interférences électromagné-tiques utilisation, les traitements après moulage constituent souvent la solu-tion la plus et les décharges électrostatiques. Cependant, les premiers nom-més faciles à colorer gagnent chaque jour des parts de marchés [5].

Diverses techniques d'application sont couramment utilisées comme:

• les peintures conductrices,

• le zincage par arc,

• la métallisation sous vide,

• la pulvérisation cathodique,

Cette partie est donc destinée à une présentation générale et succincte des différentes techniques d'application de revêtements conducteurs, la littérature concernant ces techniques étant déjà très large. Aucune technique à elle seule n'est idéale pour toutes les applications de blindage électromagnétique [5].

9. 1. Peintures conductrices

Les peintures conductrices sont constituées de particules métalliques ou charges en suspension dans une résine porteuse diluée dans un solvant approprié. Le procédé d'application est simple (pistolet de peinture classique) mais l'efficacité du blindage dépend du type de charge [5]

9. 2. Zincage par arc

La pulvérisation du zinc à l'arc met en oeuvre des fils électriquement isolés qui sont alimentés en continu dans un pistolet. Un arc entraîne la fusion du fil et un jet d'air comprimé pulvérise le matériel fondu. Les gouttelettes de zinc atomisé se refroidissent et se solidifient rapidement pour constituer un film métallique dense. La projection par arc permet de déposer différents métaux mais le zinc est le métal le plus utilisé face à l'aluminium et au cuivre. Une épaisseur de 75 à 125 microns est nécessaire pour obtenir une efficacité de blindage de 50 à 90 dB, mais compte tenu des valeurs des coefficients d'expansion thermique du zinc et de la résine thermoplastique, des problèmes de délamination peuvent intervenir [5].

9. 3. Métallisation sous vide

La métallisation sous vide est un procédé qui consiste à vaporiser le métal sous-vide par chauffage que l'on veut déposer et à condenser ensuite cette vapeur sur la surface d'un substrat. La pression de travail est inférieure à 10^{-4} mba [5].

En raison de considérations de coûts, c'est l'aluminium pur qui est couramment utilisé. Ce métal allie une faible résistivité, une bonne stabilité chimique et moyennant une préparation par plasma, il adhère à de nombreux polymères. Mais d'autres métaux tels le cuivre et l'argent sont également mis en oeuvre dans le cadre de cette technique [5].

Dans les systèmes d'évaporation à vide, le procédé ELAMET dont la société SARREL a la licence en France permet de déposer des épaisseurs de 2,5mm, 5mm ou 7,5mm d'aluminium sur des surfaces propres, libres de tout agent démoulant ou lubrifiant. Les pièces avec ce procédé subissent lors du traitement des températures d'environ 50°C.

9. 4. Pulvérisation cathodique

Bien que connue depuis longtemps, cette technique s'est surtout développée avec l'industrie de la microélectronique. Aujourd'hui, elle bénéficie de progrès importants (notamment en vitesse de dépôt, grâce à la technique Magnétron) ce qui permet son introduction dans d'autres secteurs comme celui du blindage électromagnétique [5].

REFERENCES BIBLIOGRAPHIQUES

[1] RTP Company RTP France s.n.c Z.I, Beaune-Vignolles, 21207 Beaune, Cedex, France1995-2006: www.rtpcompany.com/produits/emi/controlent.

[2] F. BOUDAHRI, contribution à l'étude théorique de la conductivité électrique des polymères conducteurs composites, mémoire de magister février 2008. Faculté des Sciences, Université de Tlemcen, Algérie.

[3] M. HAMOUNI, contribution à l'étude de la conductivité électrique des polymères conducteurs cas du polymère conducteur composite PE/TiB_2, thèse de doctorat, 19 février (2006). Faculté des Sciences, Université de Tlemcen, Algérie.

[4] S.KHOBZAUI, contribution à l'étude des propriétés électriques des polymères conducteurs composites, Faculté des Sciences, Université de Tlemcen, Algérie, mémoire de magjster juillet 2005.

[5] Didier Padey, les polymères composites conducteurs pour la protection électromagnétique:www.agmat.asso.fr/syntheses/protelecN.htm

[6] DELABALLE Jacques, membre du Comité 77 (Compatibilité Electromagnétique) de la Commission Electrotechnique Internationale (CEI). Cahier technique n° 149: www.mt.schneider-electric.be/Main/CT/ct149FR.pdf

[7] MARDIGUIAN Michel Consultant C.E.M, le blindage électromangétque, JACQUESDUBOIS:www.jacquesdubois.com/blindage_electromagnetique.pdf

[8] CHEVALIER Pascal, Conception et réalisation de transistors à effet de champ de la filière AlInAs/GaInAs sur substrat InP. Application à l'amplification faible bruit en ondes millimétriques, Thèse de Doctorat Electronique de l'Université des Sciences et Technologies de Lille, 13 Novembre 1998.

[9] Lain.Charoy, compatibilité électromagnétique, parasites et perturbations des électroniques, Tom 3 blindages- filtres- câbles blindés, règles et conseils d'installation, DUNOD, paris, 1992, ISBN.2100014412.

[10] Rachidi, Compatibilité électromagnétique, notes de cours, Blindage, École Polytechnique Fédérale de Lausanne EPFL-DE-LRECH-1015 Eté 2004: www.epfl.ch/dir-CEM/Blindage.pdf

[11] Nick, EM1 Shielding Measurements of Conductive Polymer Blends, transaction on instrumentation and measurement.vol.41.2 april.1992.

Chapitre 2

Résultats et discussions

Influence de la fraction volumique des inclusions conductrices sur la conductivité électrique des polymères conducteurs composites.

Pour établir les lois de variation de la conductivité électrique des polymères conducteurs composites nylon6/Al, nylon6/Zn, HDPE/V_2O_3 et LDPE/V_2O_3 en fonction de la fraction volumique des inclusions conductrices, nous nous appuyons dans notre travail sur les résultats expérimentaux obtenus par Gabriel Pinto et Xia-Su-Yi dans leurs travaux de recherche [4,5].

1. CONDUCTIVITE ELECTRIQUE σ = σ (Φ)

Dans les figures a, b, c et d insérées dans cette première partie de notre travail:

• Φ_c représente la fraction volumique critique du renfort à laquelle le polymère conducteur composite considéré bascule de l'état isolant à l'état conducteur. Cette fraction critique Φ_c qui correspond à la formation du premier chemin conducteur est aussi appelée seuil de percolation.

• Φ_S représente la fraction volumique de saturation. Cette fraction volumique Φ_S induit une conductivité électrique maximale du polymère conducteur composite en question. Au-delà de cette valeur limite de la conductivité électrique σ, l'augmentation de la fraction volumique du renfort Φ n'a aucun effet sur σ.

1.1. Polymère conducteur composite nylon6/aluminium

La variation de la conductivité électrique σ du polymère conducteur composite nylon6/aluminium en fonction de la fraction volumique Φ du renfort Al est représentée en figure a.

Φ	Log [σ (S.cm^{-1})]
0	-13
0.093	-11.969
0.216	-11.206
0.234	-3.147
0.263	-1.189
0.372	-0.317
0.614	0.607

Tableau a: Conductivité électrique en fonction de la fraction volumique du renfort: cas du polymère conducteur composite nylon6/Al [3].

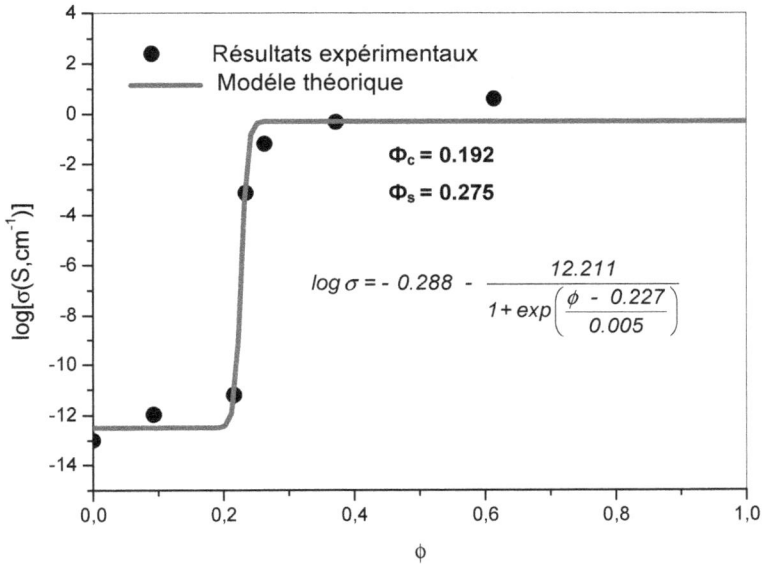

Figure a: Variation de la conductivité électrique en fonction de la fraction volumique du renfort: cas du polymère conducteur composite nylon6/Al [3].

1. 2. Polymère conducteur composite nylon6/Zinc

Les particules conductrices d'aluminium sont remplacées par des particules de zinc au sein de la même matrice du polymère conducteur précédent. La variation de la conductivité électrique σ du polymère conducteur composite nylon6/zinc en fonction de la fraction volumique Φ du renfort est représentée en figure b.

Φ	log [σ (S.cm^{-1})]
0,001	-12,911
0,018	-12,654
0,064	-12,718
0,089	-12,654
0,119	-12,618
0,158	-12,539
0,208	-10,191
0,238	-6,712
0,273	-3,777
0,363	-2,051
0,460	-1,987

Tableau b: Conductivité électrique en fonction de la fraction volumique du renfort: cas du polymère conducteur composite nylon6/Zn [4].

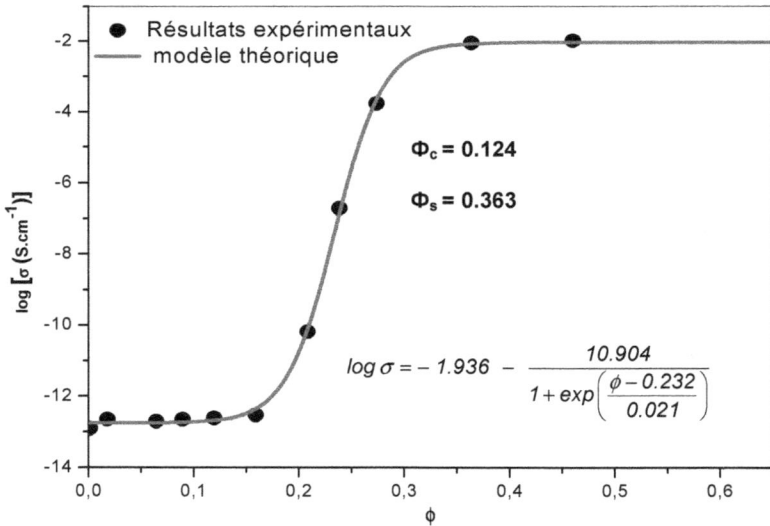

Résultats expérimentaux
modèle théorique

$\Phi_c = 0.124$

$\Phi_s = 0.363$

$$log\ \sigma = -1.936 - \frac{10.904}{1 + exp\left(\dfrac{\phi - 0.232}{0.021}\right)}$$

Figure b: Variation de la conductivité électrique en fonction de la fraction volumique du renfort: Cas du polymère conducteur composite nylon6/Zn [4]

1.3. Polymère conducteur composite LDPE/V_2O_3

Dans le cas présent, nous nous intéressons au polyéthylène basse densité, renforcé par le trioxyde de vanadium LDPE/V_2O_3. La variation de la conductivité électrique σ du polymère conducteur composite LDPE/ V_2O_3 en fonction de la fraction volumique Φ du renfort est représentée en figure c.

Φ	$\log [\sigma \ (S.cm^{-1})]$
$9,25 \ 10^{-4}$	-12,418
0,088	-11,995
0,198	-11,960
0,236	-11,847
0,2939	-10,720
0,3647	-4,997
0,3937	-2,419
0,4241	-1,2403
0,4934	-0,6193

Tableau c: Variation de la conductivité électrique en fonction de la fraction volumique du renfort: cas du polymère conducteur composite LDPE/V_2O_3 [5].

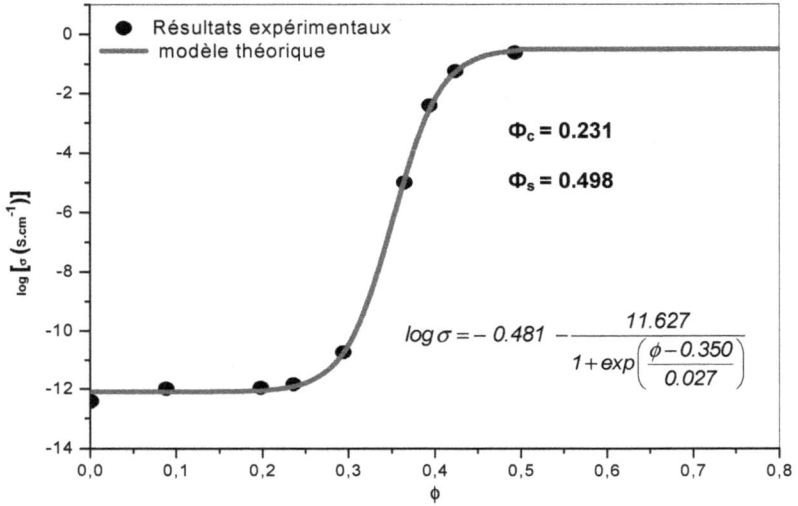

Figure c: Variation de la conductivité électrique en fonction de la fraction volumique du renfort: cas du polymère conducteur composite LDPE/V$_2$O$_3$ [5].

1.4. Polymère conducteur composite HDPE/V$_2$O$_3$

Le trioxyde de vanadium V$_2$O$_3$ est maintenu comme renfort et la matrice de polyéthylène basse densité LDPE est remplacée par une autre en polyéthylène haute densité HDPE. La variation de la conductivité électrique σ du polymère conducteur composite HDPE/ V$_2$O$_3$ en fonction de la fraction volumique Φ du renfort est représentée en figure d.

Φ	Log [σ(S.cm^1)]
9,2 10^{-4}	-10,57
0,088	-9,737
0,197	-9,541
0,257	-7,010
0,286	-3,040
0,305	-2,215
0,344	-0,823
0,414	-0,053

Tableau d: Variation de la conductivité électrique en fonction de la fraction volumique du renfort: cas du polymère conducteur composite HDPE/V$_2$O$_3$ [5].

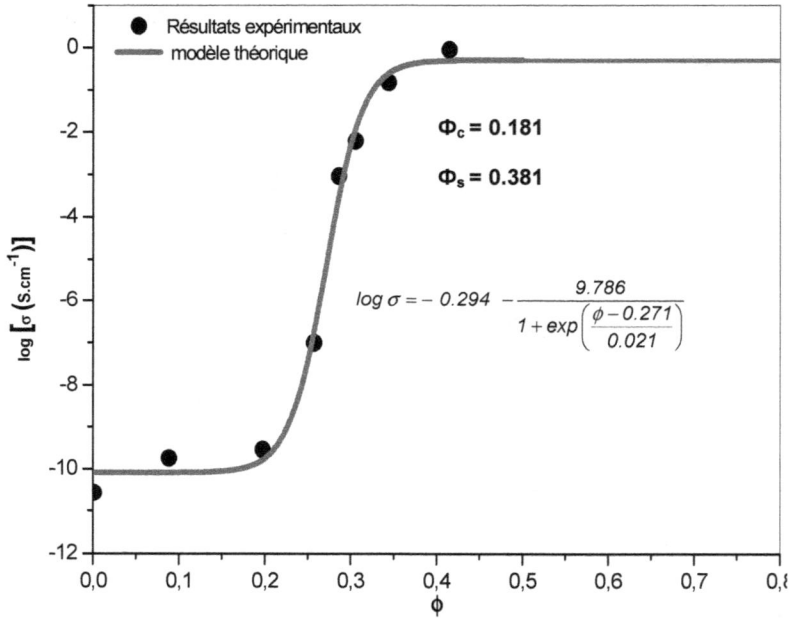

Figure d: Variation de la conductivité électrique en fonction de la fraction volumique du renfort: Cas du polymère conducteur composite HDPE/V₂O₃ [5].

Deuxième partie

Influence de la fréquence de la source du rayonnement sur l'efficacité du blindage électromagnétique en champ lointain

Dans cette deuxième partie du chapitre 2 de notre travail, nous examinons quatre polymères conducteurs composites: le Nylon6/Aluminium, le Nylon6/Zinc, le Polyéthylène haute densité/trioxyde de vanadium, le Polyéthylène basse densité/trioxyde de vanadium et trois matériaux conducteurs classiques: l'aluminium, le zinc et le trioxyde de vanadium. Une étude comparative du comportement électromagnétique de ces polymères conducteurs composites avec leurs matériaux de renfort est réalisée.

Dans cette partie de notre travail, nous présentons notre contribution au calcul de l'efficacité du blindage électromagnétique, pour le champ lointain, en fonction de plusieurs paramètres, tels que l'épaisseur du matériau utilisé, sa conductivité électrique et la fréquence d'émission de la source. La variation de l'efficacité du blindage électromagnétique est décrite par deux équations différentes selon que le matériau est électriquement épais ($e_P \geq \delta$).ou électriquement mince ($e_P \leq \delta$).

Cette étude est réalisée en considérant une onde électromagnétique incidente normale à la surface de l'écran de blindage. Par cette hypothèse nous nous plaçons dans la situation la plus défavorable.

La région du champ lointain est distante de $r=\lambda/2\pi$ de la source d'émission, où λ est la longueur de l'onde incidente. Dans cette région, les champs électrique et magnétique sont couplés et l'onde est dite plane. Nous supposons que la distance qui sépare la source de l'enceinte blindée est supérieure à la distance limite r.

Nous utilisons les équations (45), (46) et (47) du premier chapitre pour déterminer respectivement l'atténuation due à l'absorption, celle due à la réflexion et l'efficacité globale du blindage électromagnétique d'écrans conçus à base de Zinc, d'Aluminium et de trioxyde de vanadium. Nous déterminons également les efficacités d'écrans conçus à base des matériaux polymères composites conducteurs renforcés par les matériaux précédents. Nous procédons, par la suite, à une étude comparative.

Nous nous intéressons, en particulier, à l'étude de l'efficacité du blindage électromagnétique en fonction de la fréquence de la source d'émission, de l'épaisseur du matériau conducteur et de la fraction volumique du renfort. Les matériaux utilisés sont classés suivant la valeur de leur efficacité de blindage électromagnétique. Les matériaux qui ont une atténuation supérieure à 40 dB sont réservés aux applications civiles, ceux dont l'efficacité dépasse les 80dB sont destinés aux applications militaires [1].

Concernant les fréquences considérées, nous nous intéressons aux trois bandes de fréquences suivantes: la bande radio (50Mhz ÷ 1Ghz), la bande des micro ondes (8.2Ghz ÷ 18Ghz) et la bande des ondes millimétriques (33Ghz ÷ 50Ghz) [2]. Ces trois bandes ont été choisies en raison de leur utilisation dans l'industrie. Les caractéristiques physiques et électriques des matériaux classiques utilisés dans notre travail sont rapportées dans la littérature spécialisée.

1. EFFETS DE LA FREQUENCE DE LA SOURCE SUR L'EFFICACITE DU BLINDAGE

Dans les figures 1 à 21 insérées dans cette deuxième partie de notre travail :

- Φ représente la fraction volumique du renfort, utilisée pour le calcul de la conductivité électrique σ. Cette fraction volumique correspond à la fraction de saturation Φ_S, au-delà de laquelle, tout ajout de particules conductrices n'a aucun effet sur la valeur de la conductivité électrique du polymère conducteur composite.

- e_P représente l'épaisseur de l'écran du blindage électromagnétique. Cette épaisseur a été choisie supérieure à la profondeur de pénétration δ de l'onde électromagnétique dans le matériau de blindage. Ceci nous permet de négliger la contribution M due aux réflexions multiples lors du calcul de l'efficacité globale SE.

- σ représente la conductivité électrique du matériau de blindage utilisé.

• Pour les polymères conducteurs composites que nous avons examinés, σ correspond à la valeur maximale induite par la fraction volumique de saturation Φ_S.

Dans cette étape, nous fixons l'épaisseur de l'enceinte blindée et la fraction volumique du renfort et examinons la variation de l'efficacité du blindage en fonction de la fréquence de la source du rayonnement. L'atténuation due à l'absorption, celle due à la réflexion et l'atténuation globale ont été obtenues à l'aide des relations suivantes:

Atténuation due à l'absorption

$$A = 20 \log e^{\frac{e_p}{\delta}} \tag{1}$$

$$\delta = \sqrt{\frac{2}{\sigma \, \omega \, \mu}} \tag{2}$$

ω= 2 π f: pulsation de l'onde électromagnétique.

où,

$\mu = \mu_0 . \mu_r$ Perméabilité magnétique du matériau.

Avec $\mu_r = 1$ (matériaux non ferromagnétiques).

Atténuation due à la réflexion

$$R = 10 \log \left(\frac{\sigma}{16 \, \omega \, \varepsilon} \right) \tag{3}$$

où,

$\varepsilon = \varepsilon_0 . \varepsilon_r$: Constante diélectrique du matériau.

Avec $\varepsilon_r = 1$ (matériaux non ferromagnétiques).

L'équation (3) devient :

$$R = 10\log\left(\frac{\sigma}{32\pi f \varepsilon_0}\right) \qquad (4)$$

où, ε_0 : représente la permittivité diélectrique du vide.

Atténuation globale

$$SE = A + R + M \qquad (5)$$

M représente l'atténuation due aux réflexions multiples. Cette atténuation peut être négligée pour des matériaux de blindage bons conducteurs dont l'épaisseur est beaucoup plus grande que la profondeur de pénétration δ de l'onde électromagnétique $e_p \geq \delta$.

Dans ces conditions, la relation (5) s'écrit :

$$SE = 10\log\left(\frac{\sigma}{32\pi f \varepsilon_0}\right) + 20\log e^{\frac{e_p}{\delta}} \qquad (6)$$

1.1. BANDE DE FREQUENCES RADIO: 50MHz ÷ 1GHz

1.1.1. Cas du polymère conducteur composite nylon6/Al

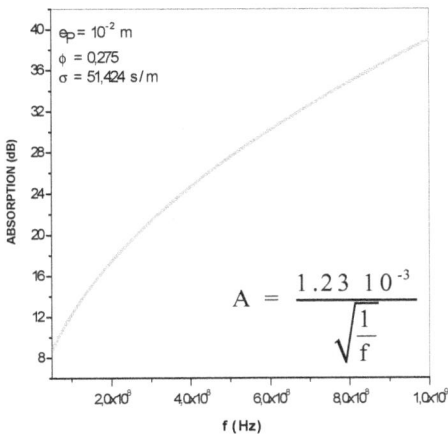

Figure 1a: Atténuation due à l'absorption   Figure 1b: Atténuation due à la réflexion

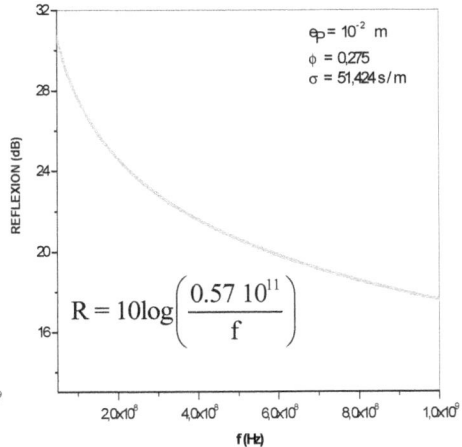

La figure 1a représente la variation de l'atténuation due à l'absorption en fonction de la fréquence de la source du rayonnement pour une épaisseur d'écran égale à 10^{-2} mètre. Cette atténuation croit avec la fréquence de la source de 8.70 à 38.94 dB.

La figure 1b représente la variation de l'atténuation due à la réflexion, en fonction de la fréquence de la source du rayonnement Pour la même épaisseur d'écran, l'atténuation due à la réflexion décroît de 30.66 à 17.69 dB lorsque la fréquence de la source du rayonnement croit de $50\ 10^{6}$ à 10^{9} Hz.

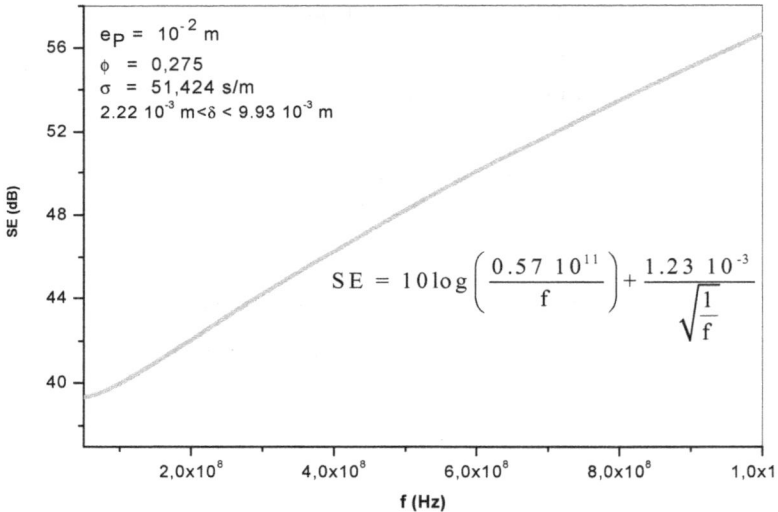

$e_P = 10^{-2}$ m
$\phi = 0{,}275$
$\sigma = 51{,}424$ s/m
$2.22\ 10^{-3}$ m $<\delta< 9.93\ 10^{-3}$ m

$$SE = 10\log\left(\frac{0.57\ 10^{11}}{f}\right) + \frac{1.23\ 10^{-3}}{\sqrt{\dfrac{1}{f}}}$$

Figure 1: Variation de l'efficacité globale du blindage électromagnétique en fonction de la fréquence de la source: Cas du polymère conducteur composite nylon6/Al.

La figure 1 illustre la variation de l'efficacité globale du blindage électromagnétique en fonction de la fréquence de la source du rayonnement. Cette courbe correspond à l'épaisseur d'écran citée précédemment. L'efficacité globale du blindage électromagnétique croit avec la fréquence de la source du rayonnement de 39.36 à 56.63 dB. La contribution, à l'efficacité globale du blindage électromagnétique, due à l'absorption est plus importante que celle due à la réflexion. Par conséquent, le polymère conducteur composite nylon6/Aluminium absorbe beaucoup plus le rayonnement électromagnétique qu'il n'en réfléchit.

1.1.2. Cas de l'Aluminium

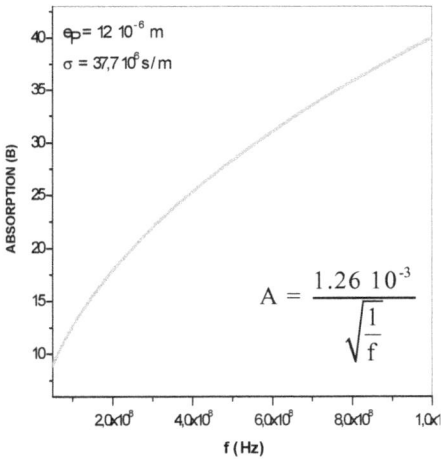

Figure 2a: Atténuation due à l'absorption

$$A = \frac{1.26 \ 10^{-3}}{\sqrt{\dfrac{1}{f}}}$$

$ep = 12 \ 10^{-6}$ m
$\sigma = 37,7 \ 10^{6}$ s/m

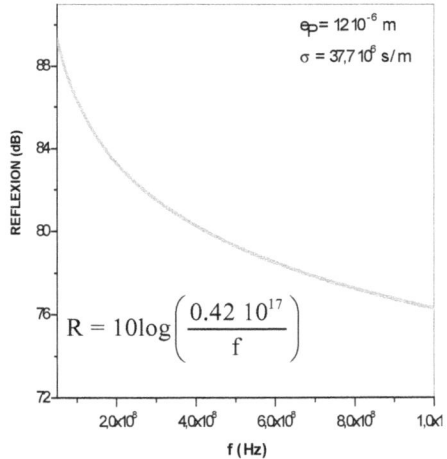

Figure 2b: Atténuation due à la réflexion

$$R = 10\log\left(\frac{0.42 \ 10^{17}}{f}\right)$$

$ep = 12 \ 10^{-6}$ m
$\sigma = 37,7 \ 10^{6}$ s/m

La figure 2a représente la variation de l'atténuation due à l'absorption, en fonction de la fréquence de la source du rayonnement pour une épaisseur d'écran égale à 12 10^{-6} mètre. L'atténuation due à l'absorption croit avec la fréquence de la source de 9.13 à 40.29 dB.

La figure 2b représente la variation de l'atténuation due à la réflexion, en fonction de la fréquence de la source du rayonnement. La courbe représentée sur cette figure correspond à l'épaisseur d'écran citée précédemment. L'atténuation due à la réflexion décroît de 89.15 à 76.28 dB lorsque la fréquence de la source du rayonnement croit de 50 10^6 à 10^9 Hz.

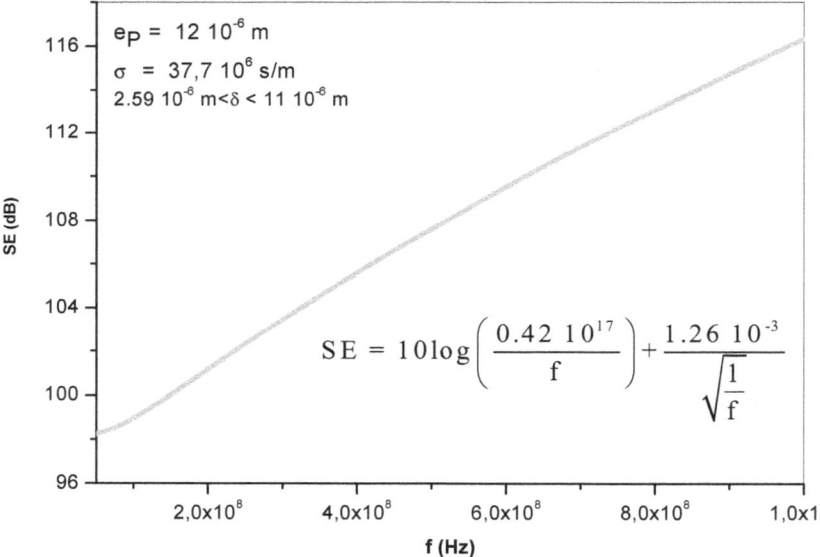

Valeurs dans le graphique :

e_P = 12 10^{-6} m

σ = 37,7 10^6 s/m

2.59 10^{-6} m<δ < 11 10^{-6} m

$$SE = 10\log\left(\frac{0.42\ 10^{17}}{f}\right) + \frac{1.26\ 10^{-3}}{\sqrt{\dfrac{1}{f}}}$$

Figure 2: Variation de l'efficacité globale du blindage électromagnétique en fonction de la fréquence de la source: Cas de l'aluminium seul.

La figure 2 illustre la variation de l'efficacité globale du blindage électromagnétique en fonction de la fréquence de la source du rayonnement. L'efficacité globale du blindage électromagnétique croit avec la fréquence de la source du rayonnement de 98.28 à 116.57 dB.

L'examen des figures 1 et 2 illustrant les variations de l'efficacité globale du blindage électromagnétique en fonction de la fréquence de la source du rayonnement révèle que :

a) l'efficacité globale du blindage électromagnétique obtenue à l'aide du polymère conducteur composite nylon6/Aluminium est située dans le domaine des efficacités $40\ dB \leq SE \leq 80\ dB$, réservé aux applications civiles.

b) l'efficacité globale du blindage électromagnétique obtenue à l'aide de l'aluminium seul, quant à elle, ne concerne que le domaine des applications militaires. En effet, dans la bande des fréquences radio (50MHz ÷1GHz) l'efficacité du blindage électromagnétique obtenue à l'aide de ce matériau classique est supérieure à 80dB.

Dans cette bande de fréquence, l'aluminium réflechit beaucoup plus le rayonnement électromagnétique qu'il n'en absorbe.

1.1. 3. Cas du polymère conducteur composite nylon6/Zn

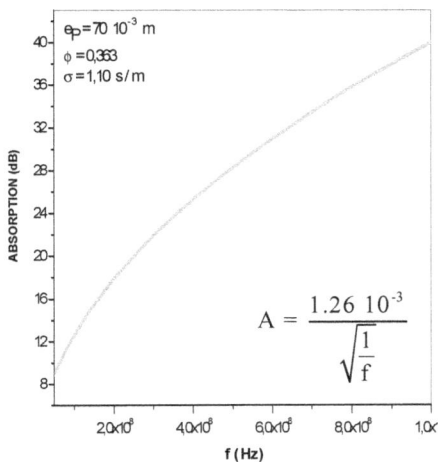

$$A = \frac{1.26\ 10^{-3}}{\sqrt{\dfrac{1}{f}}}$$

$$R = 10\log\left(\frac{0.12\ 10^{10}}{f}\right)$$

Figure 3a: Atténuation due à l'absorption   **Figure 3b:** Atténuation due à la réflexion

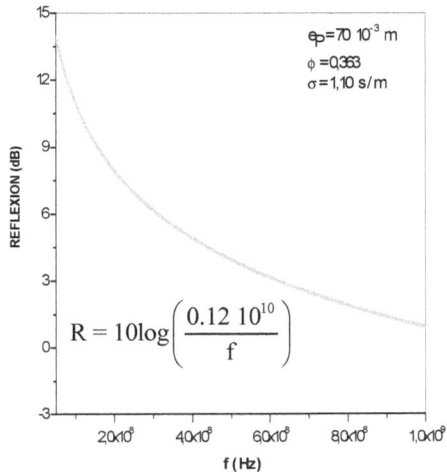

La figure 3a représente la variation de l'atténuation due à l'absorption, en fonction de la fréquence de la source du rayonnement pour une épaisseur d'écran égale à 70 10^{-3} mètre.

L'atténuation due à l'absorption croit avec la fréquence de la source de 8.94 à 39.98 dB.

La figure 3b représente la variation de l'atténuation due à la réflexion, en fonction de la fréquence de la source du rayonnement. La courbe représentée sur cette figure correspond à l'épaisseur d'écran citée précédemment. L'atténuation due à la réflexion décroît de 13.94 à 0.93 dB lorsque la fréquence de la source du rayonnement passe de $50 \ 10^6$ à 10^9 Hz.

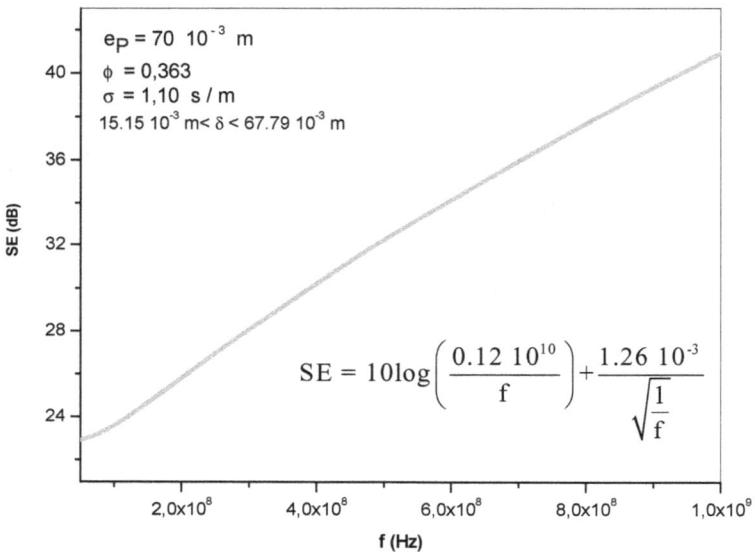

Les paramètres affichés sur la figure :

$e_P = 70 \ 10^{-3}$ m
$\phi = 0{,}363$
$\sigma = 1{,}10$ s / m
$15.15 \ 10^{-3}$ m $< \delta < 67.79 \ 10^{-3}$ m

$$SE = 10\log\left(\frac{0.12 \ 10^{10}}{f}\right) + \frac{1.26 \ 10^{-3}}{\sqrt{\dfrac{1}{f}}}$$

Figure 3: Variation de l'efficacité globale du blindage électromagnétique en fonction de la fréquence de la source: Cas du polymère conducteur composite nylon6/Zn.

La figure 3 illustre la variation de l'efficacité globale du blindage électro-magnétique en fonction de la fréquence de la source du rayonnement. Cette courbe correspond à l'épaisseur d'écran citée précédemment. L'efficacité globale du blindage électromagnétique augmente avec la fréquence de la source du rayonnement de 22.88 à 40.92 dB.

La contribution, à l'efficacité globale du blindage électromagnétique, due à l'absorption est plus importante que celle due à la réflexion. Ce matériau composite absorbe beaucoup plus le rayonnement électromagnétique qu'il n'en réfléchit.

1.1. 4. Cas du zinc

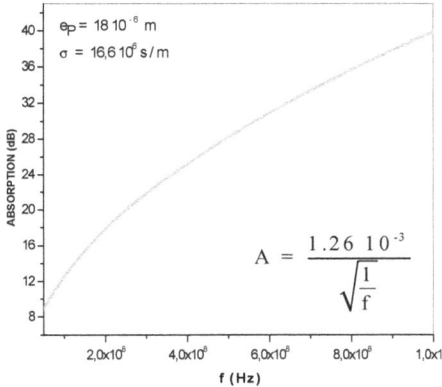

$$A = \frac{1.26 \ 10^{-3}}{\sqrt{\dfrac{1}{f}}}$$

$$R = 10 \log\left(\frac{0.18 \ 10^{17}}{f}\right)$$

Figure 4a: Atténuation due à l'absorption **Figure 4b:** Atténuation due à la réflexion

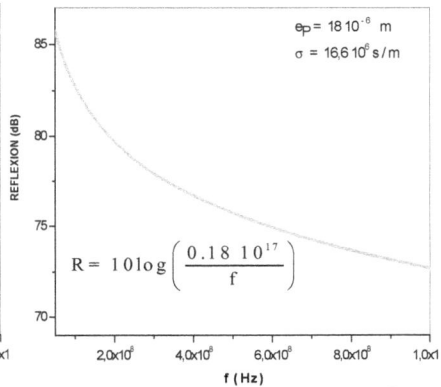

La figure 4a représente la variation de l'atténuation due à l'absorption, en fonction de la fréquence de la source du rayonnement. La courbe correspond à une épaisseur d'écran égale à $18 \ 10^{-6}$ mètres. L'atténuation due à l'absorption croit avec la fréquence de la source, de 8.91 à 39.88 dB.

La figure 4b représente la variation de l'atténuation due à la réflexion, en fonction de la fréquence de la source du rayonnement. La courbe représentée sur cette figure correspond à l'épaisseur d'écran citée précédemment. L'atténuation due à la réflexion décroît de 85.71 à 72.70 dB, lorsque la fréquence de la source du rayonnement croit de $50 \ 10^{6}$ à 10^{9} Hz.

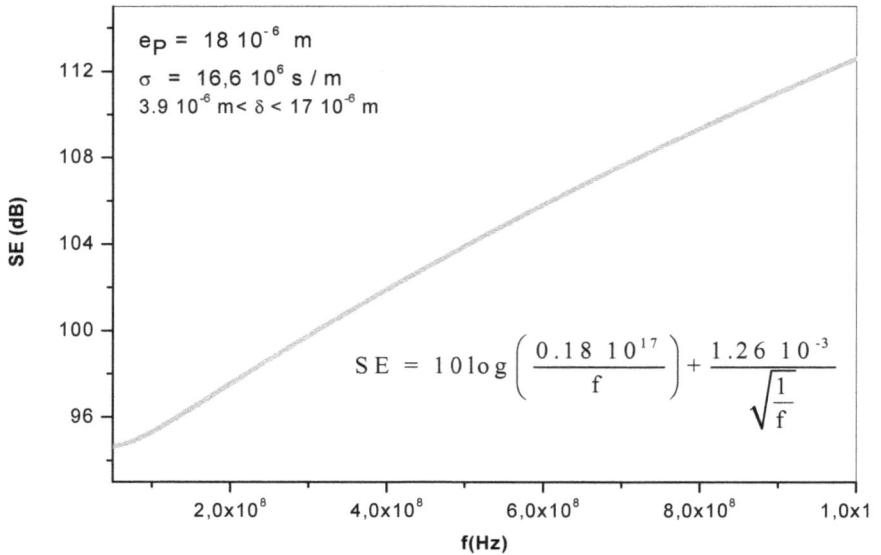

$e_P = 18\ 10^{-6}\ m$

$\sigma = 16{,}6\ 10^{6}\ s/m$

$3.9\ 10^{-6}\ m < \delta < 17\ 10^{-6}\ m$

$$SE = 10\log\left(\frac{0.18\ 10^{17}}{f}\right) + \frac{1.26\ 10^{-3}}{\sqrt{\dfrac{1}{f}}}$$

Figure 4: Variation de l'efficacité globale du blindage électromagnétique en fonction de la fréquence de la source: Cas du zinc seul.

La figure 4 illustre la variation de l'efficacité globale du blindage électromagnétique en fonction de la fréquence de la source du rayonnement. L'efficacité globale du blindage électromagnétique croit avec la fréquence de la source du rayonnement de 94.63 à 112.59 dB. L'examen des figures 3 et 4 traduisant les variations de l'efficacité globale du blindage électromagnétique en fonction de la fréquence de la source du rayonnement montre que :

a) l'efficacité globale du blindage électromagnétique obtenue à l'aide du polymère conducteur composite nylon6/Zinc est située dans le domaine des efficacités $SE \leq 40\ dB$.

b) l'efficacité globale du blindage électromagnétique obtenue à l'aide du Zinc seul, ne concerne que le domaine des applications militaires. En effet, dans la bande des fréquences radio (50MHz ÷1GHz) l'efficacité du blindage électromagnétique obtenue à l'aide de ce matériau classique est supérieure à 80 dB.

Ainsi, dans cette bande de fréquence, le zinc seul réflechit beaucoup plus le rayonnement électromagnétique qu'il n'en absorbe.

1.1. 5. Cas du polymère conducteur composite HDPE/ V_2O_3

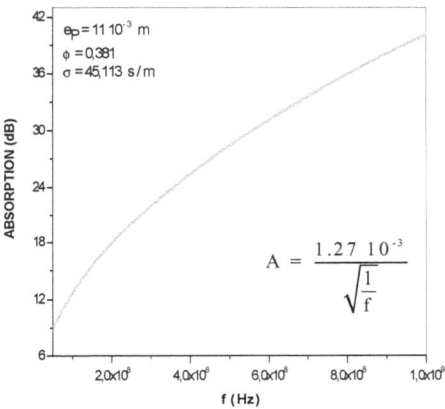

$$e_p = 11 \, 10^{-3} \, m$$
$$\phi = 0,381$$
$$\sigma = 45,113 \, s/m$$

$$A = \frac{1.27 \, 10^{-3}}{\sqrt{\dfrac{1}{f}}}$$

$$e_p = 11 \, 10^{-3} \, m$$
$$\phi = 0,381$$
$$\sigma = 45,113 \, s/m$$

$$R = 10\log\left(\frac{0.50 \, 10^{11}}{f}\right)$$

Figure 5a: Atténuation due à l'absorption   **Figure 5b:** Atténuation due à la réflexion

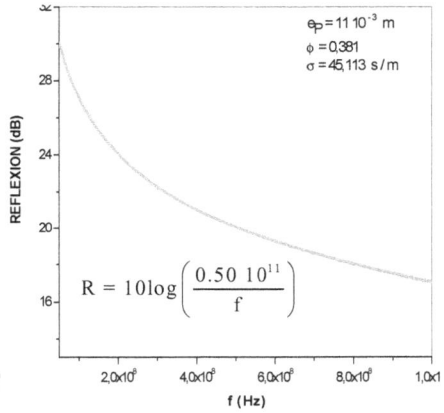

La figure 5a représente la variation de l'atténuation due à l'absorption, en fonction de la fréquence de la source du rayonnement pour une épaisseur d'écran égale à 11 10^{-3} mètre. L'atténuation due à l'absorption croit avec la fréquence de la source de 8.98 à 40.17 dB.

La figure 5b représente la variation de l'atténuation due à la réflexion, en fonction de la fréquence de la source du rayonnement. La courbe représentée sur cette figure correspond à l'épaisseur d'écran citée précédemment. L'atténuation due à la réflexion décroît de 30.06 à 17.05 dB lorsque la fréquence de la source du rayonnement croit de 50 10^6 à 10^9 Hz.

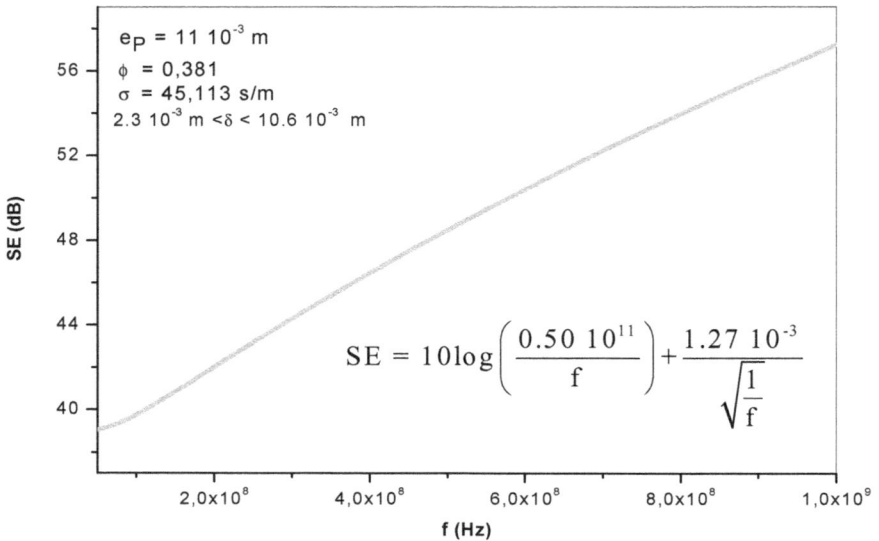

Figure 5: Variation de l'efficacité globale du blindage électromagnétique en fonction de la fréquence de la source: Cas du polymère conducteur composite HDPE/ V_2O_3.

La figure 5 illustre la variation de l'efficacité globale du blindage électro-magnétique en fonction de la fréquence de la source du rayonnement. Cette courbe correspond à l'épaisseur d'écran citée précédemment. L'efficacité globale du blindage électromagnétique croit de 39.04 à 57.22 dB avec la fréquence de la source du rayonnement. La contribution, à l'efficacité globale du blindage électro-magnétique, due à l'absorption est plus importante que celle due à la réflexion. Le polyéthylène haute densité/trioxyde de vanadium absorbe beaucoup plus le rayonnement électromagnétique qu'il n'en réfléchit.

1.1. 6. Cas du polymère conducteur composite LDPE/ V$_2$O$_3$

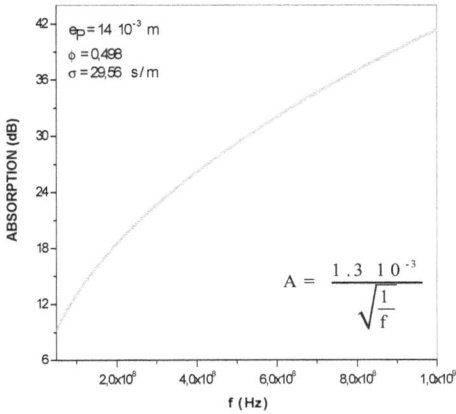

Figure 6a: Atténuation due à l'absorption

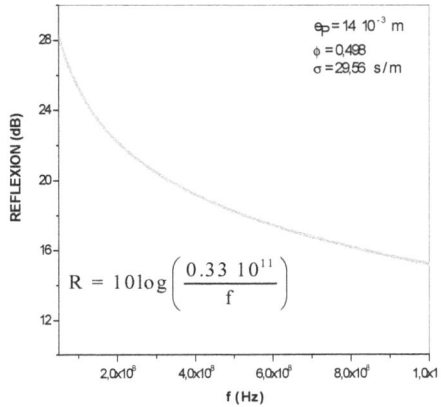

Figure 6b: Atténuation due à la réflexion

La figure 6a représente la variation de l'atténuation due à l'absorption, en fonction de la fréquence de la source du rayonnement pour une épaisseur d'écran égale à 14 10^{-3} mètre. L'atténuation due à l'absorption croit avec la fréquence de la source de 9.25 à 41.39 dB.

La figure 6b représente la variation de l'atténuation due à la réflexion, en fonction de la fréquence de la source du rayonnement. La courbe représentée sur cette figure correspond à l'épaisseur d'écran citée précédemment. L'atténuation due à la réflexion décroît de 28.22 à 15.21 dB lorsque la fréquence de la source du rayonnement croit de 50 10^6 à 10^9 Hz.

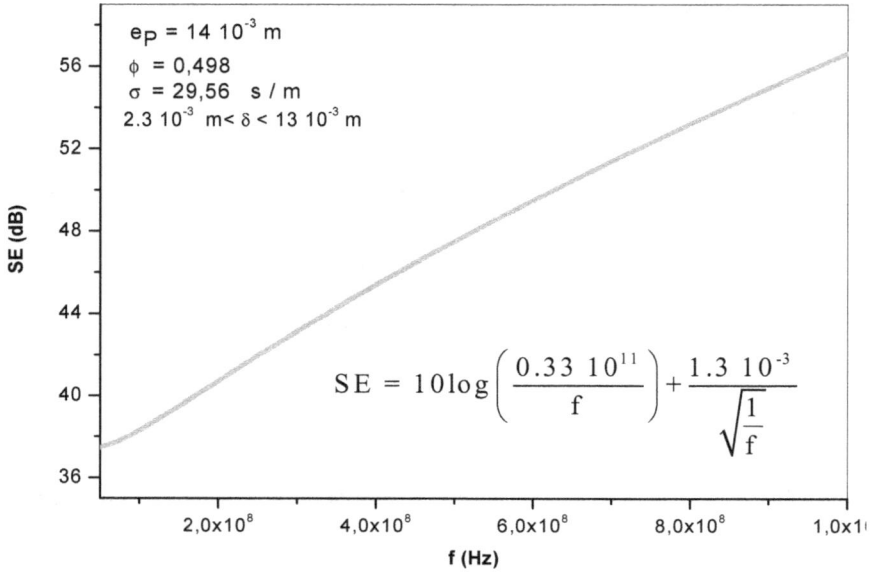

Figure 6: Variation de l'efficacité globale du blindage électromagnétique en fonction de la fréquence de la source: Cas du polymère conducteur composite LDPE/ V_2O_3.

La figure 6 illustre la variation de l'efficacité globale du blindage électro-magnétique en fonction de la fréquence de la source du rayonnement. Cette courbe correspond à l'épaisseur d'écran citée précédemment. L'efficacité globale du blindage électromagnétique croit de 37.48 à 56.61 dB avec la fréquence de la source du rayonnement. La contribution, à l'efficacité globale du blindage électro-magnétique, due à l'absorption est plus importante que celle due à la réflexion. Le polyéthylène basse densité/trioxyde de vanadium absorbe plus de rayonnement électromagnétique qu'il n'en réfléchit.

1.1. 7. Cas du trioxyde de vanadium

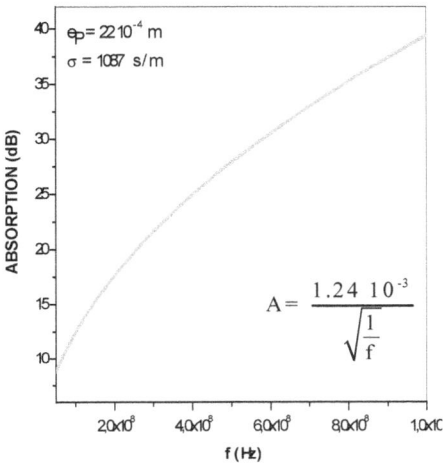

Figure 7a: Atténuation due à l'absorption

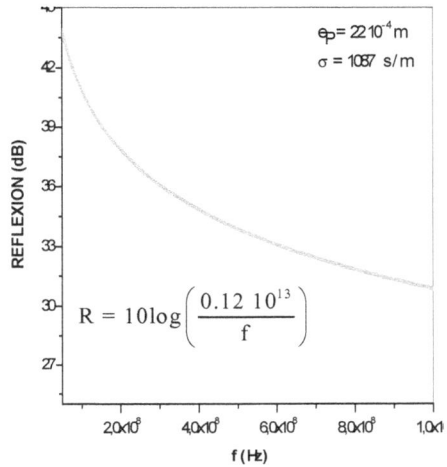

Figure 7b: Atténuation due à la réflexion

La figure 7a représente la variation de l'atténuation due à l'absorption, en fonction de la fréquence de la source du rayonnement pour une épaisseur d'écran égale à 22 10^{-4} mètre. L'atténuation due à l'absorption croit avec la fréquence de la source de 8.82 à 39.44 dB.

La figure 7b représente la variation de l'atténuation due à la réflexion, en fonction de la fréquence de la source du rayonnement. La courbe représentée sur cette figure correspond à l'épaisseur d'écran citée précédemment. L'atténuation due à la réflexion décroît de 43.88 à 30.87 dB lorsque la fréquence de la source du rayonnement croit de 50 10^6 à 10^9 Hz.

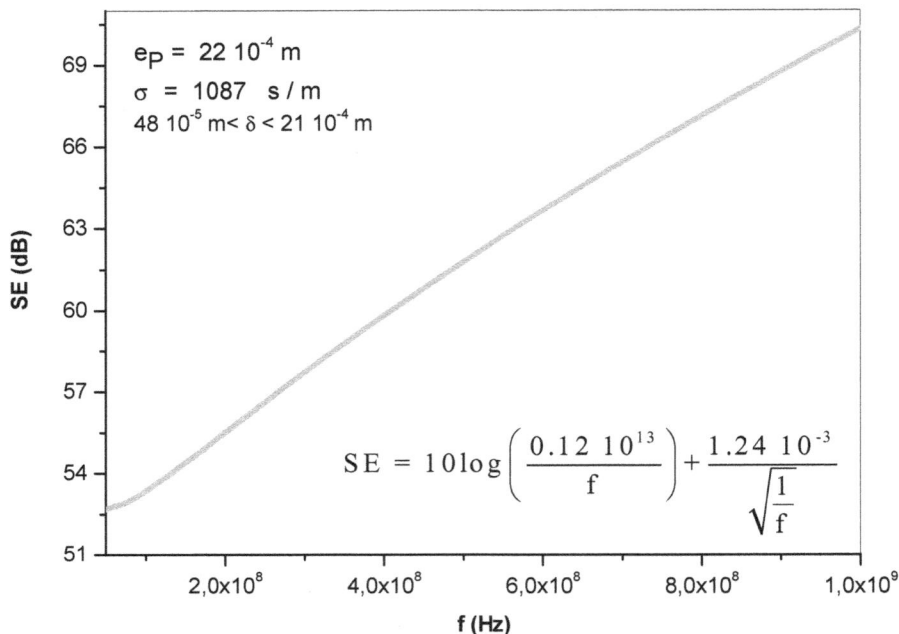

Figure 7: Variation de l'efficacité globale du blindage électromagnétique en fonction de la fréquence de la source: Cas du trioxyde de vanadium seul.

La figure 7 illustre la variation de l'efficacité globale du blindage électro-magnétique en fonction de la fréquence de la source du rayonnement. L'efficacité globale du blindage électromagnétique croit de 52.70 à 70.31 dB avec la fréquence de la source du rayonnement. Sur les figures 5, 6 et 7 illustrant les variations de l'efficacité globale du blindage électromagnétique en fonction de la fréquence de la source du rayonnement nous constatons que :

a) les efficacités globales du blindage électromagnétique obtenues à l'aide des deux polymères conducteurs composites polyéthylène basse densité/trioxyde de vanadium et polyéthylène haute densité/trioxyde de vanadium, sont situées dans le domaine des efficacités $40\ dB \leq SE \leq 80\ dB$, réservé aux applications civiles.

b) l'efficacité globale du blindage électromagnétique obtenue à l'aide du trioxyde de vanadium seul est située également dans ce domaine des efficacités.

Dans cette bande de fréquence (50MHz ÷1GHz), le trioxyde de vanadium réflechit beaucoup plus le rayonnement électromagnétique qu'il n'en absorbe.

1. 2. BANDE DE FREQUENCES DES MICRO-ONDES: 8.2GHz ÷ 18GHz
1. 2. 1. Cas du polymère conducteur composite nylon6/Al

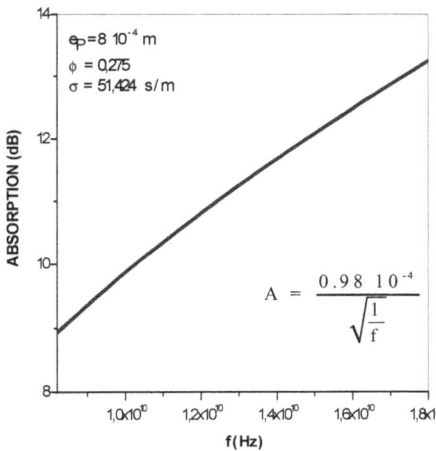

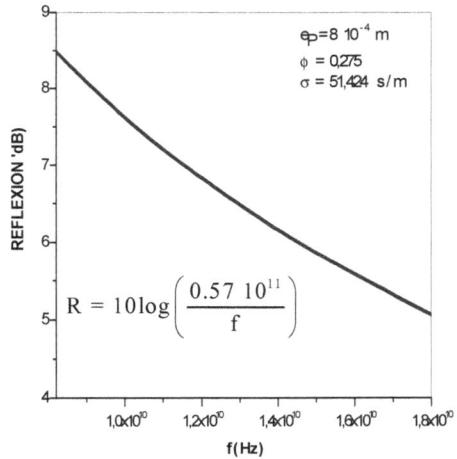

Figure 8a: Atténuation due à l'absorption

$$A = \frac{0.98 \ 10^{-4}}{\sqrt{\frac{1}{f}}}$$

ep=8 10⁻⁴ m
φ = 0,275
σ = 51,424 s/m

Figure 8b: Atténuation due à la réflexion

$$R = 10\log\left(\frac{0.57 \ 10^{11}}{f}\right)$$

ep=8 10⁻⁴ m
φ = 0,275
σ = 51,424 s/m

La figure 8a représente la variation de l'atténuation due à l'absorption, en fonction de la fréquence de la source du rayonnement pour une épaisseur d'écran égale à 8 10⁻⁴ mètre. L'atténuation due à l'absorption croit avec la fréquence de la source de 8.93 à 13.23 dB.

69

La figure 8b représente la variation de l'atténuation due à la réflexion, en fonction de la fréquence de la source du rayonnement. L'atténuation due à la réflexion décroît de 8.48 à 5.06 dB lorsque la fréquence de la source du rayonnement croit de 8.2 10^9 à 18 10^9 Hz.

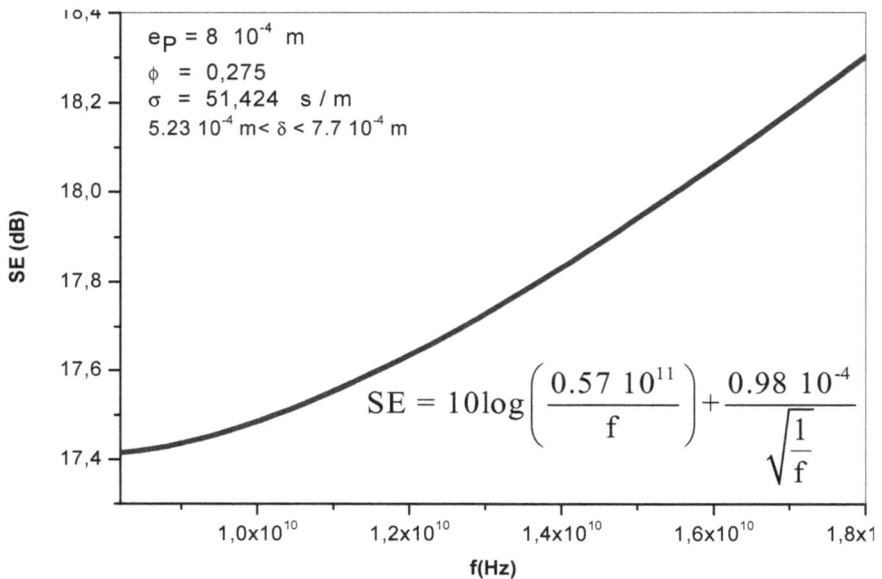

Figure 8: Variation de l'efficacité globale du blindage électromagnétique en fonction de la fréquence de la source: Cas du polymère conducteur composite nylon6/Al.

La figure 8 illustre la variation de l'efficacité globale du blindage électro-magnétique en fonction de la fréquence de la source du rayonnement. Cette courbe correspond à l'épaisseur d'écran citée précédemment. L'efficacité globale du blindage électromagnétique croit avec la fréquence de la source du rayonnement de 17.41 à 18.30 dB. La contribution, à l'efficacité globale du blindage électro-magnétique, due à l'absorption est plus importante que celle due à la réflexion. Le nylon6/Aluminium absorbe beaucoup plus le rayonnement électromagnétique qu'il n'en réfléchit.

1. 2. 2. Cas de l'Aluminium

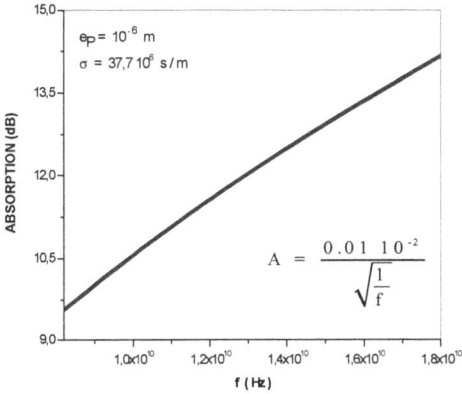

Figure 9a: Atténuation due à l'absorption

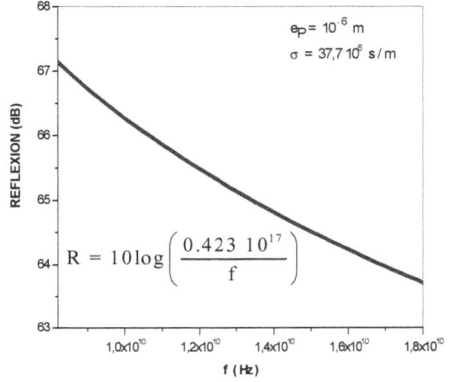

Figure 9b: Atténuation due à la réflexion

La figure 9a représente la variation de l'atténuation due à l'absorption, en fonction de la fréquence de la source du rayonnement pour une épaisseur d'écran égale à 10^{-6} mètre. L'atténuation due à l'absorption croit avec la fréquence de la source de 9.56 à 14.16 dB.

La figure 9b représente la variation de l'atténuation due à la réflexion, en fonction de la fréquence de la source du rayonnement. La courbe représentée sur cette figure correspond à l'épaisseur d'écran citée précédemment. L'atténuation due à la réflexion décroît de 67.13 à 63.71 dB lorsque la fréquence de la source du rayonnement croit de $8.2\ 10^9$ à $18\ 10^9$ Hz.

71

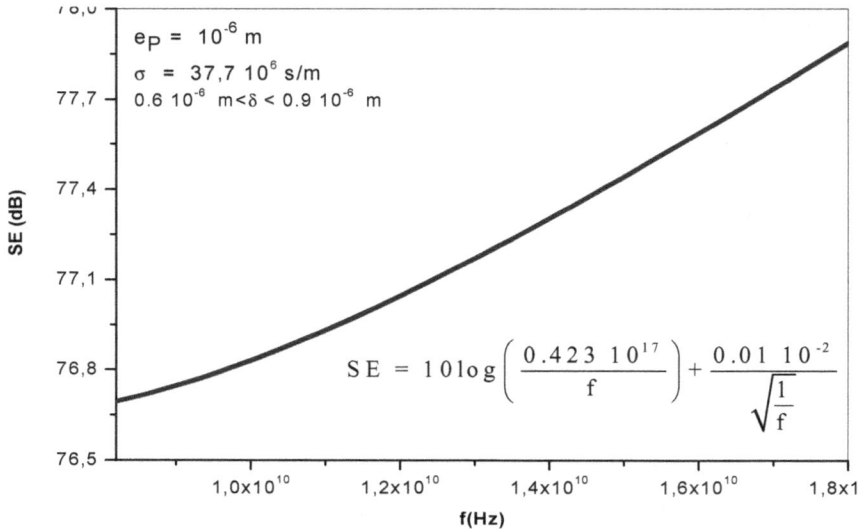

Figure 9: Variation de l'efficacité globale du blindage électromagnétique en fonction de la fréquence de la source: Cas de l'aluminium seul.

La figure 9 illustre la variation de l'efficacité globale du blindage électro-magnétique en fonction de la fréquence de la source du rayonnement. L'efficacité globale du blindage électromagnétique croit avec la fréquence de la source du rayonnement de 76.69 à 77.88 dB. L'examen des figures 8 et 9 représentant les variations de l'efficacité globale du blindage électromagnétique en fonction de la fréquence de la source du rayonnement montre que :

a) l'efficacité globale du blindage électromagnétique obtenue à l'aide du polymère conducteur composite nylon6/Aluminium est située dans le domaine des efficacités $SE \leq 40\,dB$.

b) l'efficacité globale du blindage électromagnétique, obtenue à l'aide de l'aluminium seul, ne concerne que le domaine des applications civiles. En effet, dans la bande des micro-ondes (8.2GHz ÷ 18GHz), l'efficacité du blindage électromagnétique obtenue à l'aide de ce matériau classique est

72

inférieure à 80 dB. Dans cette bande de fréquence, l'aluminium réflechit beaucoup plus le rayonnement électromagnétique qu'il n'en absorbe.

1. 2. 3. Cas du polymère conducteur composite nylon6/zinc

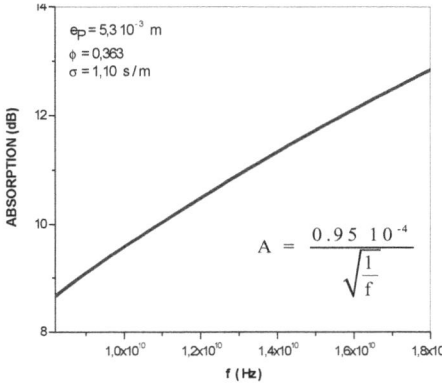

Figure 10a: Atténuation due à l'absorption

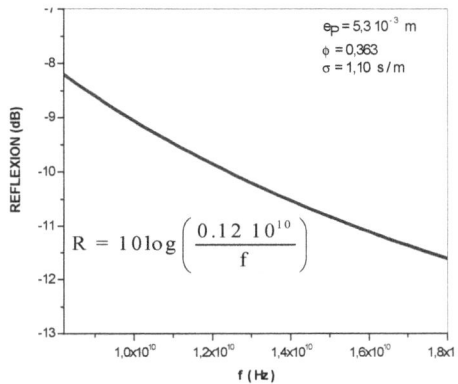

Figure 10b: Atténuation due à la réflexion

La figure 10a représente la variation de l'atténuation due à l'absorption, en fonction de la fréquence de la source du rayonnement pour une épaisseur d'écran égale à 5.3 10^{-3} mètres. L'atténuation due à l'absorption croit avec la fréquence de la source de 8.66 à 12.84 dB.

La figure 10b représente la variation de l'atténuation due à la réflexion, en fonction de la fréquence de la source du rayonnement. La courbe représentée sur cette figure correspond à l'épaisseur d'écran citée précédemment. L'atténuation due à la réflexion décroît de -8.20 à -11.61dB lorsque la fréquence de la source du rayonnement croit de 8.2 10^9 à 18 10^9 Hz.

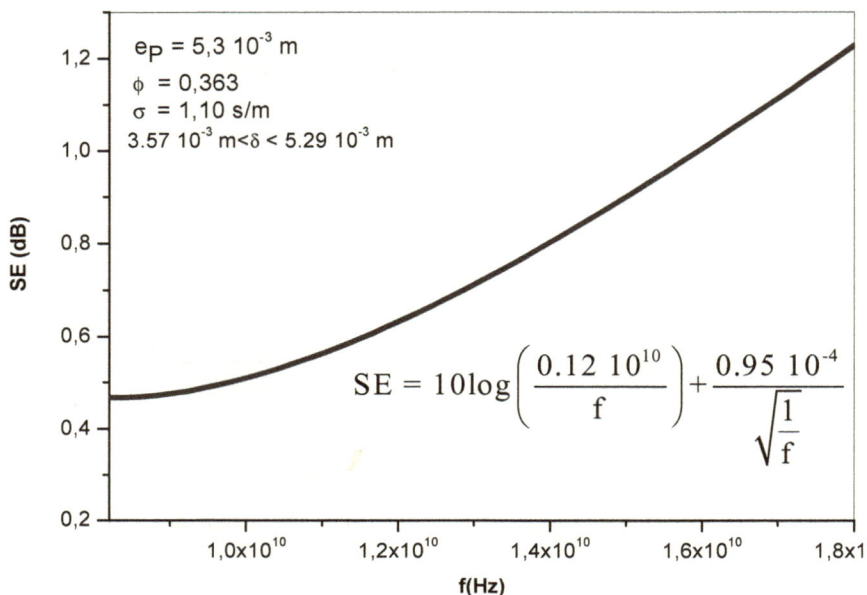

Figure 10: Variation de l'efficacité globale du blindage électromagnétique en fonction de la fréquence de la source: Cas du polymère conducteur composite nylon6/zinc.

La figure 10 représente la variation de l'efficacité globale du blindage électromagnétique en fonction de la fréquence de la source du rayonnement. Cette courbe correspond à l'épaisseur d'écran citée précédemment. L'efficacité globale du blindage électromagnétique croit avec la fréquence de la source du rayonnement de 0.46 à 1.22 dB. La contribution, à l'efficacité globale du blindage électromagnétique, due à l'absorption est plus importante que celle due à la réflexion. Le nylon6/Zinc absorbe beaucoup plus le rayonnement électromagnétique qu'il n'en réfléchit.

1. 2. 4. Cas du zinc

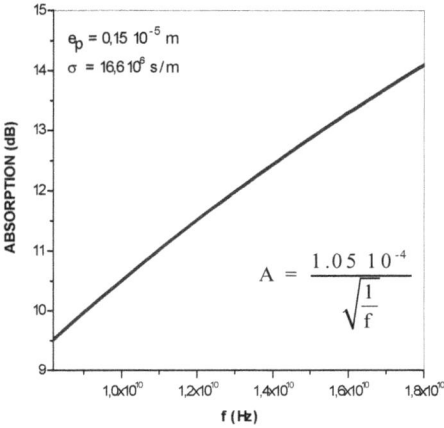

Figure 11a: Atténuation due à l'absorption

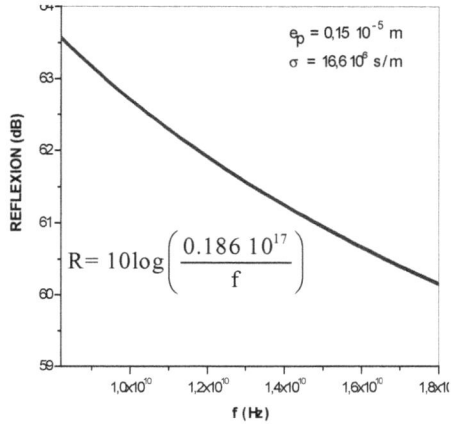

Figure 11b: Atténuation due à la réflexion

La figure 11a représente la variation de l'atténuation due à l'absorption, en fonction de la fréquence de la source du rayonnement pour une épaisseur d'écran égale à $0.15 \ 10^{-5}$ mètre. L'atténuation due à l'absorption croit avec la fréquence de 9.51 à 14.10 dB.

La figure 11b représente la variation de l'atténuation due à la réflexion, en fonction de la fréquence de la source du rayonnement. La courbe représentée sur cette figure correspond à l'épaisseur d'écran citée précédemment. L'atténuation due à la réflexion décroît de 63.57 à 60.15 dB, lorsque la fréquence de la source du rayonnement passe de $8.2 \ 10^9$ à $18 \ 10^9$ Hz.

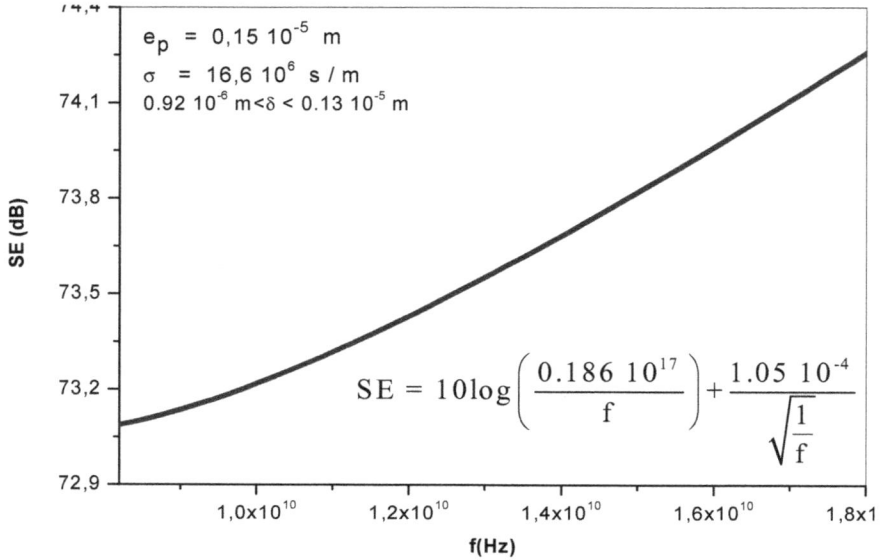

Figure 11: Variation de l'efficacité globale du blindage électromagnétique en fonction de la fréquence de la source: Cas du zinc seul.

La figure 11 illustre la variation de l'efficacité globale du blindage électro-magnétique en fonction de la fréquence de la source du rayonnement. L'efficacité globale du blindage électromagnétique augmente avec la fréquence de la source du rayonnement de 73.08 à 74.25 dB. Sur les figures 10 et 11 illustrant les variations de l'efficacité globale du blindage électromagnétique en fonction de la fréquence de la source du rayonnement nous remarquons que :

a) l'efficacité globale du blindage électromagnétique obtenue à l'aide du polymère conducteur composite nylon6/Zinc est située dans le domaine des efficacités $SE \leq 40\ dB$.

b) l'efficacité globale du blindage électromagnétique obtenue à l'aide du Zinc seul, ne concerne que le domaine des applications civiles. En effet, dans la bande des micro-ondes (8.2GHz ÷18GHz) l'efficacité du blindage électromagnétique obtenue à l'aide de ce matériau classique est inférieure à 80 dB. Dans cette bande de fréquence, le zinc réflechit beaucoup plus le rayonnement électromagnétique qu'il n'en absorbe.

1. 2. 5. Cas du polymère conducteur composite HDPE/ V_2O_3

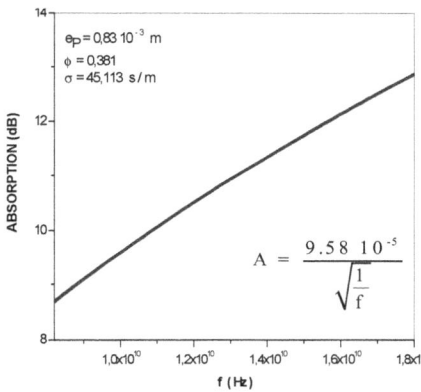

Figure 12a: Atténuation due à l'absorption   **Figure 12b:** Atténuation due à la réflexion

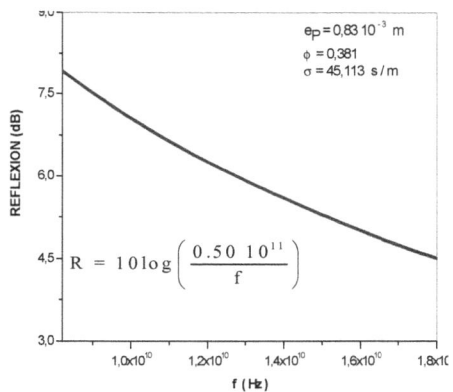

La figure 12a représente la variation de l'atténuation due à l'absorption, en fonction de la fréquence de la source du rayonnement pour une épaisseur d'écran égale à $0.83 \ 10^{-3}$ mètre, L'atténuation due à l'absorption croit avec la fréquence de la source de 8.68 à 12.86 dB.

La figure 12b représente la variation de l'atténuation due à la réflexion, en fonction de la fréquence de la source du rayonnement. La courbe représentée sur cette figure correspond à l'épaisseur d'écran citée précédemment. L'atténuation due à la réflexion décroît de 7.91 à 4.49 dB lorsque la fréquence de la source du rayonnement croit de $8.2 \ 10^9$ à $18 \ 10^9$ Hz.

77

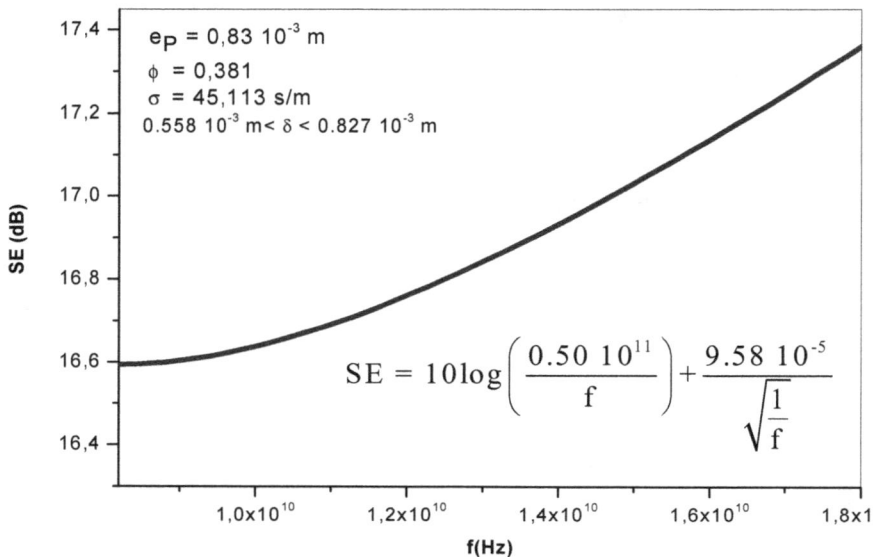

Figure 12: Variation de l'efficacité globale du blindage électromagnétique en fonction de la fréquence de la source: Cas du polymère conducteur composite HDPE/ V$_2$O$_3$.

La figure 12 illustre la variation de l'efficacité globale du blindage électromagnétique en fonction de la fréquence de la source du rayonnement. Cette courbe correspond à l'épaisseur d'écran citée précédemment. L'efficacité globale du blindage électromagnétique croit de 16.59 à 17.36 dB avec la fréquence de la source du rayonnement. La contribution, à l'efficacité globale du blindage électro-magnétique, due à l'absorption est plus importante que celle due à la réflexion. Le polyéthylène haute densité/trioxyde de vanadium absorbe plus de rayonnement électromagnétique qu'il n'en réfléchit.

78

1. 2. 6. Cas du polymère conducteur composite LDPE/ V_2O_3

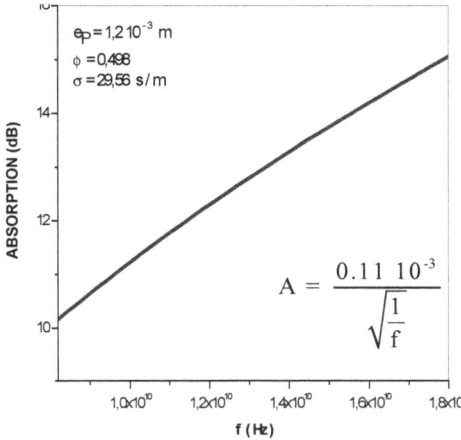

Figure 13a: Atténuation due à l'absorption

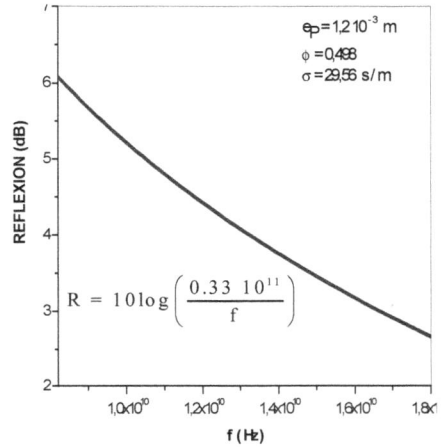

Figure 13b: Atténuation due à la réflexion

La figure 13a représente la variation de l'atténuation due à l'absorption, en fonction de la fréquence de la source du rayonnement pour une épaisseur d'écran égale à 1.2 10^{-3} mètres. L'atténuation due à l'absorption croit avec la fréquence de la source de 10.16 à 15.05 dB.

La figure 13b représente la variation de l'atténuation due à la réflexion, en fonction de la fréquence de la source du rayonnement. La courbe représentée sur cette figure correspond à l'épaisseur d'écran citée précédemment. L'atténuation due à la réflexion décroît de 6.07 à 2.66 dB lorsque la fréquence de la source du rayonnement passe de 8.2 10^9 à 18 10^9 Hz.

79

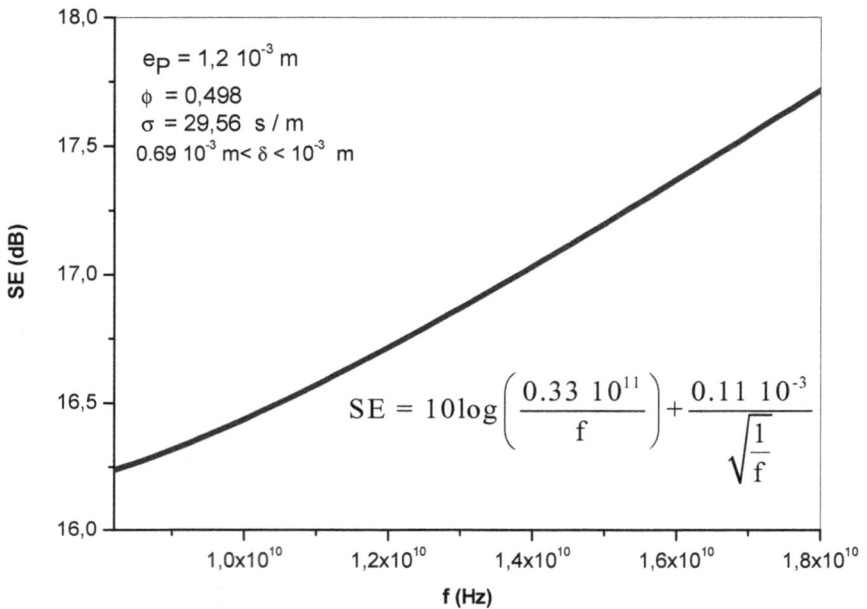

Figure 13: Variation de l'efficacité globale du blindage électromagnétique en fonction de la fréquence de la source: Cas du polymère conducteur composite LDPE/ V$_2$O$_3$.

La figure 13 illustre la variation de l'efficacité globale du blindage électromagnétique en fonction de la fréquence de la source du rayonnement. Cette courbe correspond à l'épaisseur d'écran citée précédemment. L'efficacité globale du blindage électromagnétique croit de 16.23 dB à 17.71 dB avec la fréquence de la source du rayonnement. La contribution, à l'efficacité globale du blindage électro-magnétique, due à l'absorption est plus importante que celle due à la réflexion. Le polyéthylène basse densité/trioxyde de vanadium absorbe plus de rayonnement électromagnétique qu'il n'en réfléchit.

1. 2. 7. Cas du trioxyde de vanadium

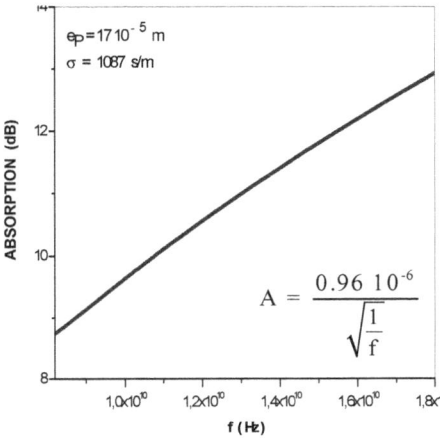

Figure 14a: Atténuation due à l'absorption

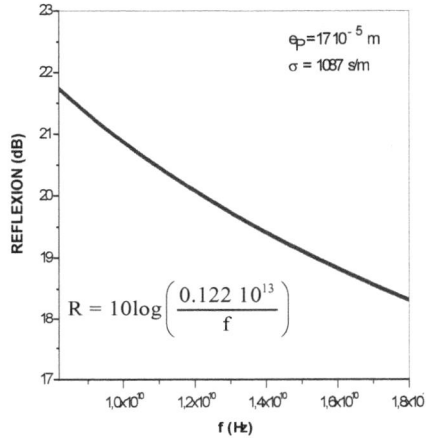

Figure 14b: Atténuation due à la réflexion

La figure 14a représente la variation de l'atténuation due à l'absorption, en fonction de la fréquence de la source du rayonnement pour une épaisseur d'écran égale à $1.7 \cdot 10^{-6}$ m. L'atténuation due à l'absorption croit avec la fréquence de la source de 8.72 à 12.93 dB.

La figure 14b représente la variation de l'atténuation due à la réflexion, en fonction de la fréquence de la source du rayonnement. La courbe représentée sur cette figure correspond à l'épaisseur d'écran citée précédemment. L'atténuation due à la réflexion décroît de 21.73 à 18.31 dB lorsque la fréquence de la source du rayonnement croit de $8.2 \cdot 10^9$ à $18 \cdot 10^9$ Hz.

81

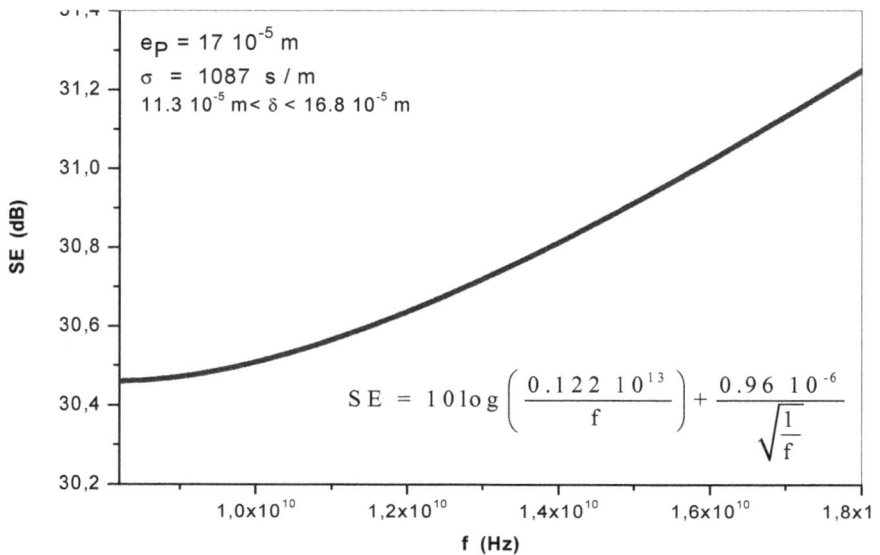

Figure 14: Variation de l'efficacité globale du blindage électromagnétique en fonction de la fréquence de la source: Cas du trioxyde de vanadium seul.

La figure 14 illustre la variation de l'efficacité globale du blindage électromagnétique en fonction de la fréquence de la source du rayonnement. L'efficacité globale du blindage électromagnétique croit de 30.46 à 31.24 dB avec la fréquence de la source du rayonnement. Sur les figures 12, 13 et 14 illustrant les variations de l'efficacité globale du blindage électromagnétique en fonction de la fréquence de la source du rayonnement nous constatons que:

a) les efficacités globales du blindage électromagnétique obtenues à l'aide des deux polymères conducteurs composites, le polyéthylène haute densité/trioxyde de vanadium et le polyéthylène basse densité/trioxyde de vanadium sont situées dans le domaine des efficacités *SE < 40 dB*, réservé aux applications civiles.

b) l'efficacité globale du blindage électromagnétique obtenue à l'aide du trioxyde de vanadium seul, ne concerne ni le domaine des applications civiles ni celui des applications militaire. En effet, dans la bande des fréquences millimétriques (8.2GHz÷18GHz) l'efficacité du blindage électromagnétique obtenue à l'aide de ce matériau classique est inférieure à 40 dB. Dans cette bande de fréquence, le trioxyde de vanadium réflechit beaucoup plus le rayonnement électromagnétique qu'il n'en absorbe.

1. 3. BANDE DE FREQUENCES DES ONDES MILLIMETRIQUES: 33GHz ÷ 50GHz

1. 3. 1. Cas du polymère conducteur composite nylon6/aluminium

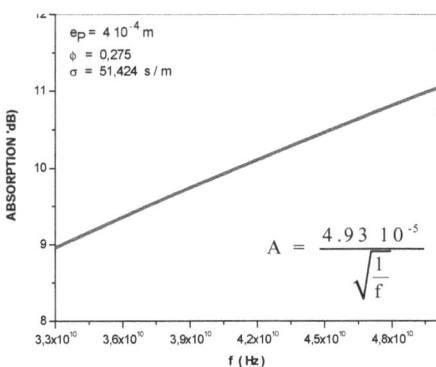

$$A = \frac{4.93 \; 10^{-5}}{\sqrt{\dfrac{1}{f}}}$$

$$R = 10 \log \left(\frac{0.57 \; 10^{11}}{f} \right)$$

Figure 15a: Atténuation due à l'absorption   **Figure 15b:** Atténuation due à la réflexion

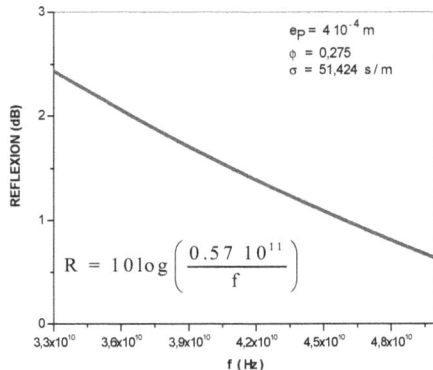

La figure 15a représente la variation de l'atténuation due à l'absorption, en fonction de la fréquence de la source du rayonnement pour une épaisseur d'écran égale à $4 \; 10^{-4}$ mètre. L'atténuation due à l'absorption croit avec la fréquence de la source de 8.96 à 11.03 dB lorsque la fréquence de l'onde électromagnétique incidente varie de $33 \; 10^9$ à $50 \; 10^9$ Hz.

83

La figure 15b représente la variation de l'atténuation due à la réflexion, en fonction de la fréquence de la source du rayonnement. La courbe représentée sur cette figure correspond à l'épaisseur d'écran citée précédemment. L'atténuation due à la réflexion décroît de 2.43 à 0.62 dB lorsque la fréquence de la source du rayonnement passe de 33 10^9 à 50 10^9 Hz.

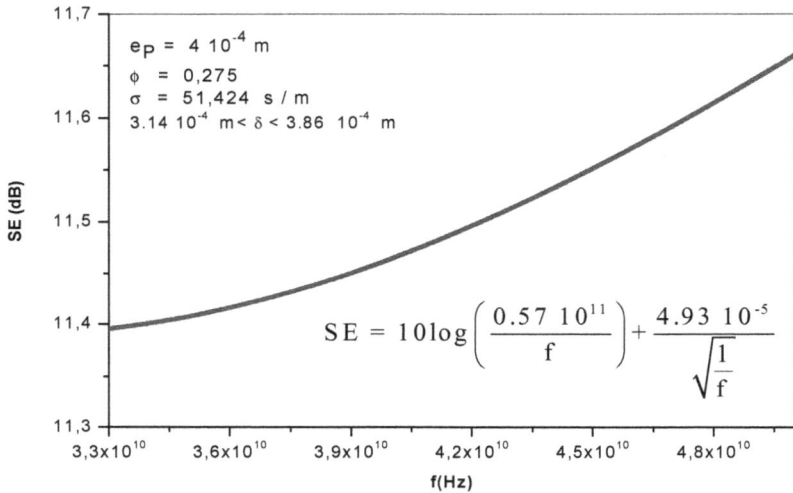

où dans le graphe figurent:

$e_P = 4\ 10^{-4}$ m
$\phi = 0,275$
$\sigma = 51,424$ s / m
$3.14\ 10^{-4}$ m $< \delta < 3.86\ 10^{-4}$ m

$$SE = 10\log\left(\frac{0.57\ 10^{11}}{f}\right) + \frac{4.93\ 10^{-5}}{\sqrt{\dfrac{1}{f}}}$$

Figure 15: Variation de l'efficacité globale du blindage électromagnétique en fonction de la fréquence de la source: Cas du polymère conducteur composite nylon6/aluminium.

La figure 15 illustre la variation de l'efficacité globale du blindage électromagnétique en fonction de la fréquence de la source du rayonnement. Cette courbe correspond à l'épaisseur d'écran citée précédemment. L'efficacité globale du blindage électromagnétique croit avec la fréquence de la source du rayonnement de 11.39 à 11.65 dB. La contribution, à l'efficacité globale du blindage électro-magnétique, due à l'absorption est plus importante que celle due à la réflexion. Le nylon6/Aluminium absorbe relativement plus de rayonnement électromagnétique qu'il n'en réfléchit.

84

1. 3. 2. Cas de l'aluminium

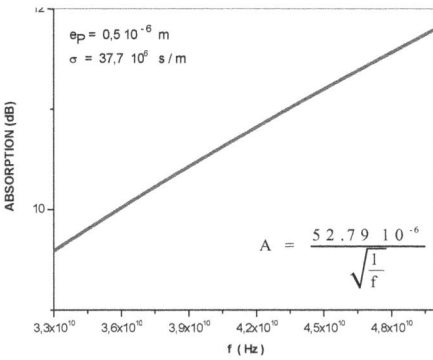

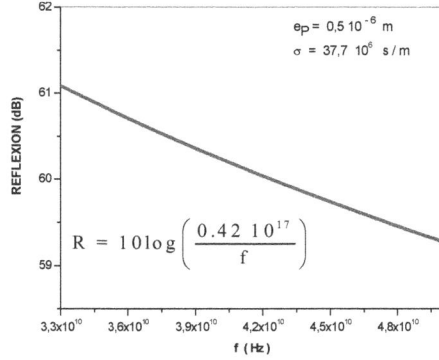

$$e_P = 0,5\ 10^{-6}\ m$$
$$\sigma = 37,7\ 10^{6}\ s/m$$

$$A = \frac{52.79\ 10^{-6}}{\sqrt{\dfrac{1}{f}}}$$

$$e_P = 0,5\ 10^{-6}\ m$$
$$\sigma = 37,7\ 10^{6}\ s/m$$

$$R = 10 \log\left(\frac{0.42\ 10^{17}}{f}\right)$$

Figure 16 a: Atténuation due à l'absorption   **Figure 16 b:** Atténuation due à la réflexion

La figure 16a représente la variation de l'atténuation due à l'absorption en fonction de la fréquence de la source du rayonnement pour une épaisseur d'écran égale à 0.5 10^{-6} m. L'atténuation due à l'absorption croit avec la fréquence de la source de 9.59 à 11.80 dB lorsque la fréquence de l'onde électromagnétique incidente passe de 33 10^{9} à 50 10^{9} Hz.

La figure 16b représente la variation de l'atténuation due à la réflexion, en fonction de la fréquence de la source du rayonnement. La courbe représentée sur cette figure correspond à l'épaisseur d'écran citée précédemment. L'atténuation due à la réflexion décroît de 61.08 à 59.28 dB lorsque la fréquence de la source du rayonnement augmente de 33 10^{9} à 50 10^{9} Hz.

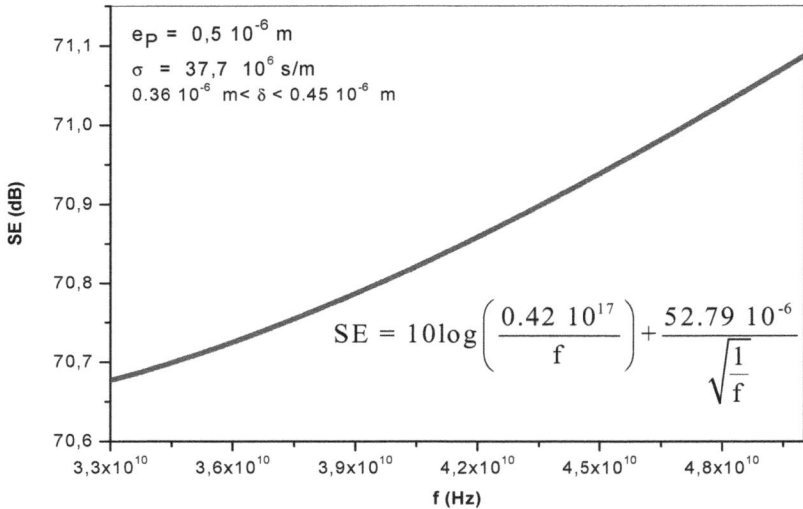

Figure 16: Variation de l'efficacité globale du blindage électromagnétique en fonction de la fréquence de la source: Cas de l'aluminium seul.

La figure 16 représente la variation de l'efficacité globale du blindage électromagnétique en fonction de la fréquence de la source du rayonnement. L'efficacité globale du blindage électromagnétique croit avec la fréquence de la source du rayonnement de 70.67 à 71.08 dB. Sur les figures 15 et 16 traduisant les variations de l'efficacité globale du blindage électromagnétique en fonction de la fréquence de la source du rayonnement nous remarquons que :

a) l'efficacité globale du blindage électromagnétique obtenue à l'aide du polymère conducteur composite nylon6/Aluminium est située dans le domaine des efficacités $SE \leq 40\,dB$.

b) l'efficacité globale du blindage électromagnétique, obtenue à l'aide de l'aluminium seul, ne concerne que le domaine des applications civiles. En effet, dans la bande des ondes millimétriques (33GHz ÷ 50GHz) l'efficacité globale du blindage électro-magnétique obtenue à l'aide de ce matériau classique appartient à la plage des efficacités $40 \leq SE \leq 80$ dB.

86

Dans cette bande de fréquence, l'aluminium réflechit relativement beaucoup plus le rayonnement électromagnétique qu'il n'en absorbe.

1. 3. 3. Cas du polymère conducteur composite nylon6/zinc

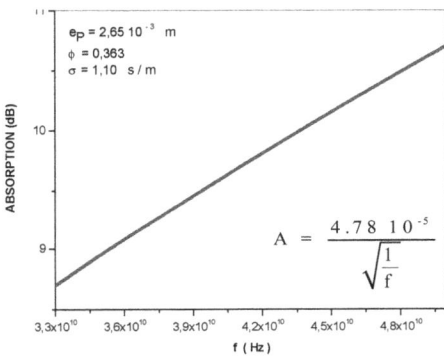

$e_P = 2{,}65\ 10^{-3}$ m
$\phi = 0{,}363$
$\sigma = 1{,}10$ s / m

$$A = \frac{4.78\ 10^{-5}}{\sqrt{\dfrac{1}{f}}}$$

$e_P = 2{,}65\ 10^{-3}$ m
$\phi = 0{,}363$
$\sigma = 1{,}10$ s / m

$$R = 10\log\left(\frac{0.12\ 10^{10}}{f}\right)$$

Figure 17a: Atténuation due à l'absorption   **Figure 17b:** Atténuation due à la réflexion

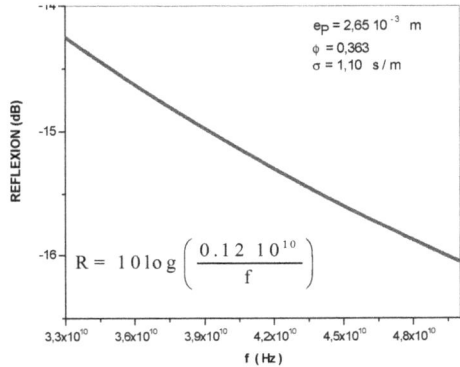

La figure 17a représente la variation de l'atténuation due à l'absorption, en fonction de la fréquence de la source du rayonnement pour une épaisseur d'écran égale à $2.65 10^{-3}$ mètre. L'atténuation due à l'absorption croit avec la fréquence de la source de 8.69 à 10.70 dB lorsque la fréquence de la source du rayonnement augmente de $33\ 10^9$ à $50\ 10^9$ Hz.

La figure 17b représente la variation de l'atténuation due à la réflexion, en fonction de la fréquence de la source du rayonnement. La courbe représentée sur cette figure correspond à l'épaisseur d'écran citée précédemment. L'atténuation due à la réflexion décroît de -14.24 à -16.05 dB lorsque la fréquence de la source du rayonnement croit de $33\ 10^9$ à $50\ 10^9$ Hz.

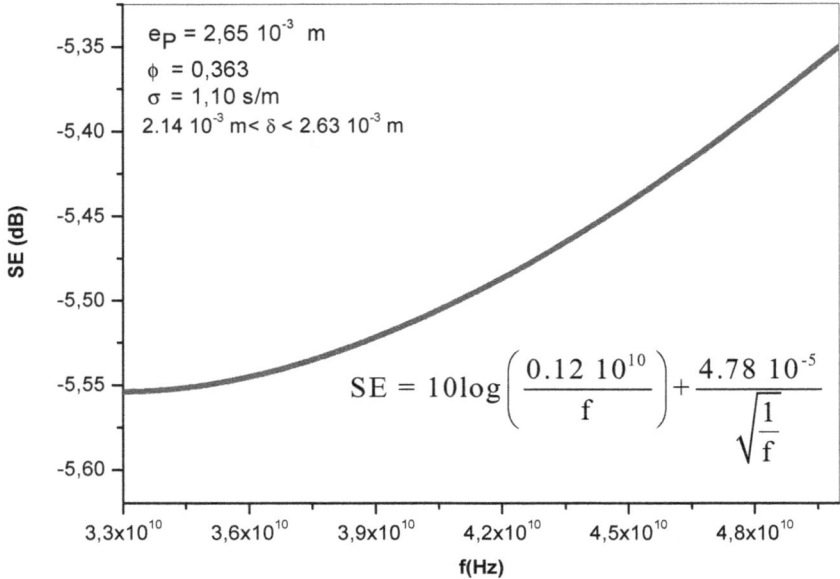

Figure 17: Variation de l'efficacité globale du blindage électromagnétique en fonction de la fréquence de la source: Cas du polymère conducteur composite nylon6/zinc.

La figure 17 illustre la variation de l'efficacité globale du blindage électromagnétique en fonction de la fréquence de la source du rayonnement. Cette courbe correspond à l'épaisseur d'écran citée précédemment. L'efficacité globale du blindage électromagnétique augmente avec la fréquence de la source du rayonnement de -5.55 à -5.35 dB. La contribution, à l'efficacité globale du blindage électromagnétique, due à l'absorption est plus importante que celle due à la réflexion. Le nylon6/Zinc absorbe beaucoup plus le rayonnement électromagnétique qu'il n'en réfléchit.

1.3. 4. Cas du zinc

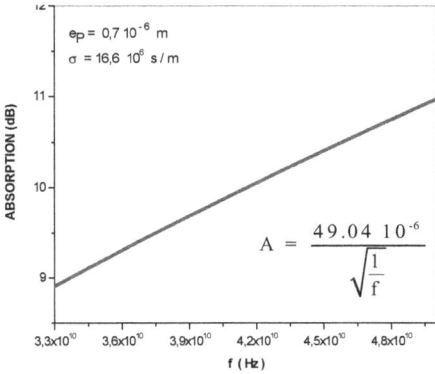

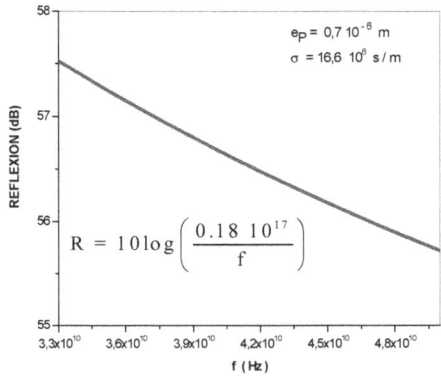

Figure 18a: Atténuation due à l'absorption   **Figure 18b:** Atténuation due à la réflexion

La figure 18a représente la variation de l'atténuation due à l'absorption, en fonction de la fréquence de la source du rayonnement pour une épaisseur d'écran égale à 0.7 10^{-6} mètre. L'atténuation due à l'absorption croit avec la fréquence de la source de 8.90 à 10.96 dB lorsque la fréquence de la source du rayonnement incident augmente de 33 10^9 à 50 10^9 Hz.

La figure 18b représente la variation de l'atténuation due à la réflexion, en fonction de la fréquence de la source du rayonnement. La courbe représentée sur cette figure correspond à l'épaisseur d'écran citée précédemment. L'atténuation due à la réflexion décroît de 57.52 à 55.71 dB, lorsque la fréquence de la source du rayonnement incident croit de 33 10^9 à 50 10^9 Hz.

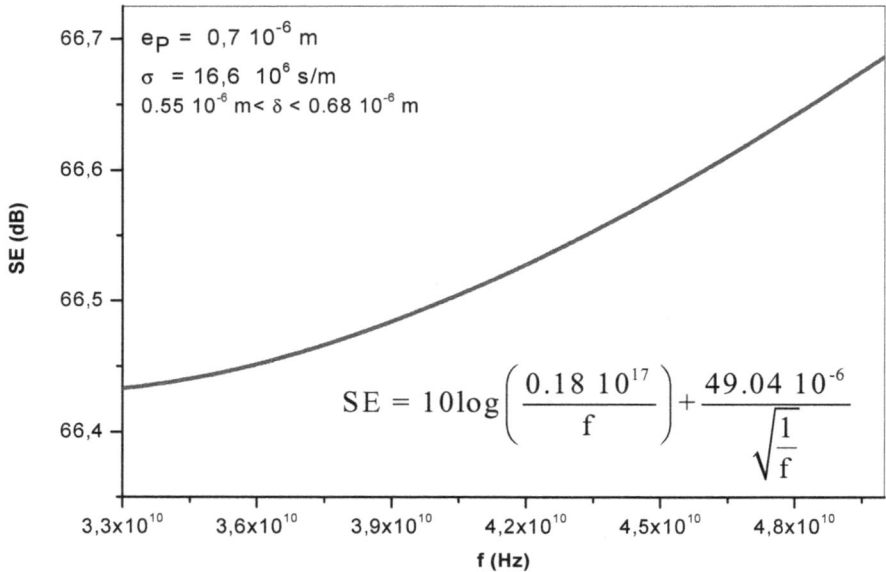

Figure 18: Variation de l'efficacité globale du blindage électromagnétique en fonction de la fréquence de la source: Cas du zinc seul.

La figure 18 illustre la variation de l'efficacité globale du blindage électromagnétique en fonction de la fréquence de la source du rayonnement incident. L'efficacité globale du blindage électromagnétique croit avec la fréquence de la source du rayonnement incident de 66.43 à 66.68 dB. Sur les figures 17 et 18 illustrant les variations de l'efficacité globale du blindage électromagnétique en fonction de la fréquence de la source du rayonnement incident nous observons que:

a) l'efficacité globale du blindage électromagnétique obtenue à l'aide du polymère conducteur composite nylon6/Zinc est située dans le domaine des efficacités $SE \leq 40\ dB$.

b) l'efficacité globale du blindage électromagnétique obtenue à l'aide du Zinc seul, ne concerne que le domaine des applications civiles. En effet, dans la bande des fréquences millimétriques (33GHz ÷ 50GHz) l'efficacité du blindage électro-magnétique obtenue à l'aide de ce matériau classique appartient à l'intervalle des fréquences réservé aux applications civiles (40 ≤ SE ≤ 80 dB). Dans cette bande de fréquence, le zinc réflechit relativement plus le rayonnement électromagnétique qu'il n'en absorbe.

1.3. 5. Cas du polymère conducteur composite HDPE/ V_2O_3

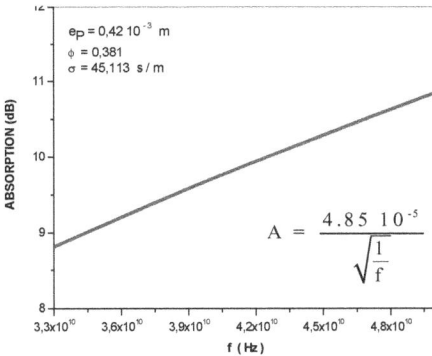

Figure 19a: Atténuation due à l'absorption

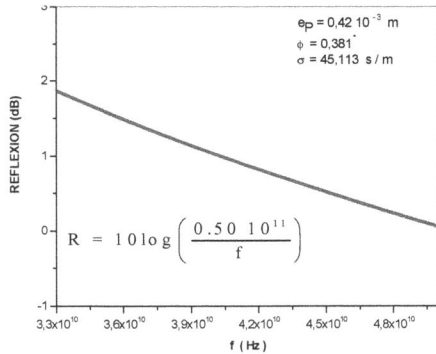

Figure 19b: Atténuation due à la réflexion

La figure 19a représente la variation de l'atténuation due à l'absorption, en fonction de la fréquence de la source du rayonnement pour une épaisseur d'écran égale à 0.42 10^{-3} mètre. L'atténuation due à l'absorption croit avec la fréquence de la source de 8.81 à 10.84 dB lorsque la fréquence de la source du rayonnement incident passe de 33 10^9 à 50 10^9 Hz.

La figure 19b représente la variation de l'atténuation due à la réflexion, en fonction de la fréquence de la source du rayonnement. La courbe représentée sur cette figure correspond à l'épaisseur d'écran citée précédemment. L'atténuation due à la réflexion décroît de 1.86 à 0.061 dB lorsque la fréquence de la source du rayonnement incident passe de 33 10^9 à 50 10^9 Hz.

91

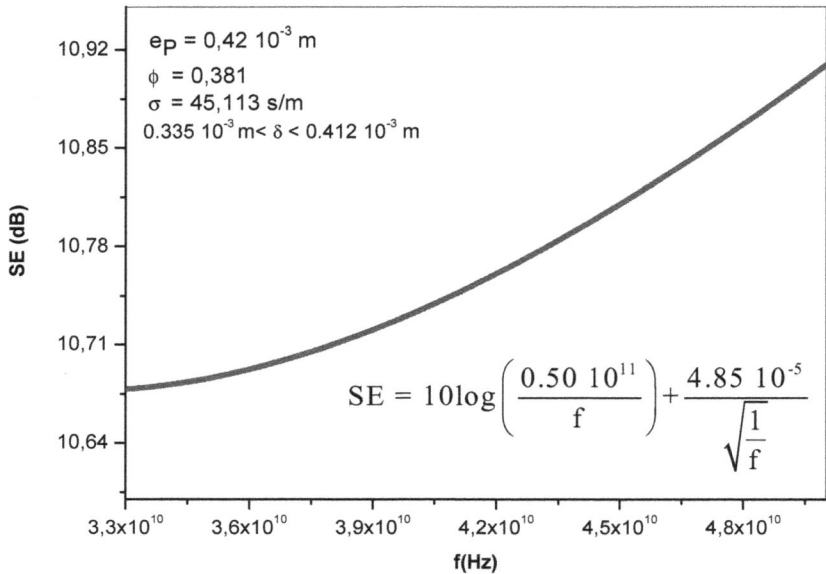

Figure 19: Variation de l'efficacité globale du blindage électromagnétique en fonction de la fréquence de la source: Cas du polymère conducteur composite HDPE/ V$_2$O$_3$.

La figure 19 illustre la variation de l'efficacité globale du blindage électromagnétique en fonction de la fréquence de la source du rayonnement. Cette courbe correspond à l'épaisseur d'écran citée précédemment. L'efficacité globale du blindage électromagnétique augmente de 10.67 à 10.90 dB avec la fréquence de la source du rayonnement. La contribution, à l'efficacité globale du blindage électro-magnétique, due à l'absorption est plus importante que celle due à la réflexion. Le polyéthylène haute densité/trioxyde de vanadium absorbe relativement plus de rayonnement électromagnétique qu'il n'en réfléchit.

1. 3. 6. Cas du polymère conducteur composite LDPE/ V_2O_3

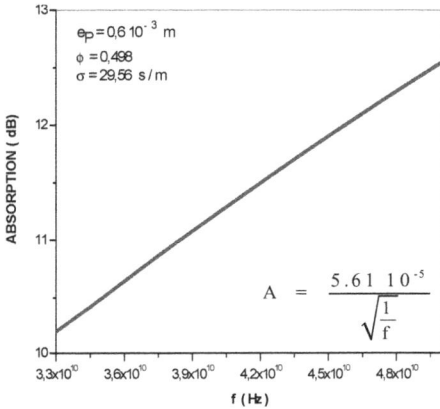

$e_p = 0,6\ 10^{-3}$ m
$\phi = 0,498$
$\sigma = 29,56$ s/m

$$A = \frac{5.61\ 10^{-5}}{\sqrt{\frac{1}{f}}}$$

Figure 20a: Atténuation due à l'absorption

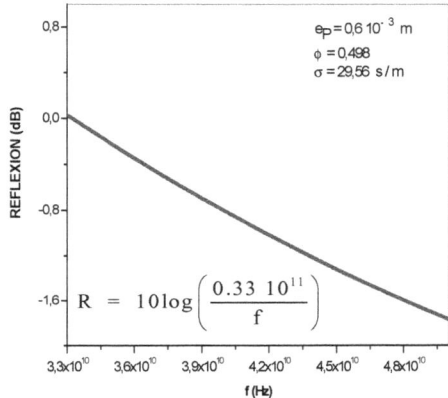

$e_p = 0,6\ 10^{-3}$ m
$\phi = 0,498$
$\sigma = 29,56$ s/m

$$R = 10\log\left(\frac{0.33\ 10^{11}}{f}\right)$$

Figure 20b: Atténuation due à la réflexion

La figure 20a représente la variation de l'atténuation due à l'absorption, en fonction de la fréquence de la source du rayonnement pour une épaisseur d'écran égale à 4.3 10^{-3} mètre. L'atténuation due à l'absorption croit avec la fréquence de la source de 10.19 à 12.54 dB lorsque la fréquence de la source du rayonnement incident augmente de 33 10^9 à 50 10^9 Hz.

La figure 20b représente la variation de l'atténuation due à la réflexion, en fonction de la fréquence de la source du rayonnement. La courbe représentée sur cette figure correspond à l'épaisseur d'écran citée précédemment. L'atténuation due à la réflexion décroît de .03 à -1.77 dB lorsque la fréquence de la source du rayonnement augmente de 33.10^9 à 50.10^9 Hz.

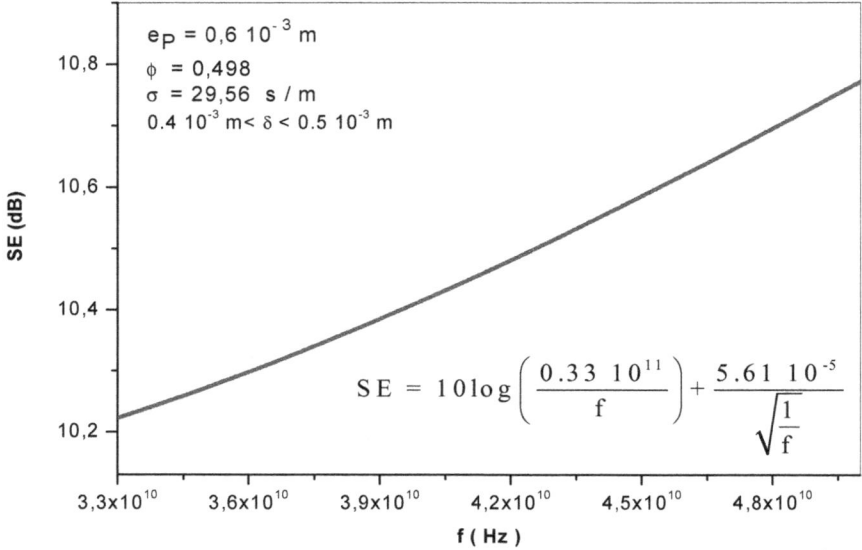

$$e_P = 0,6 \ 10^{-3} \ m$$
$$\phi = 0,498$$
$$\sigma = 29,56 \ s/m$$
$$0.4 \ 10^{-3} \ m < \delta < 0.5 \ 10^{-3} \ m$$

$$SE = 10\log\left(\frac{0.33 \ 10^{11}}{f}\right) + \frac{5.61 \ 10^{-5}}{\sqrt{\frac{1}{f}}}$$

Figure 20: Variation de l'efficacité globale du blindage électromagnétique en fonction de la fréquence de la source: Cas du polymère conducteur composite LDPE/ V_2O_3.

La figure 20 illustre la variation de l'efficacité globale du blindage électromagnétique en fonction de la fréquence de la source du rayonnement. Cette courbe correspond à l'épaisseur d'écran citée précédemment. L'efficacité globale du blindage électromagnétique croit de 10.22 à 10.77 dB avec la fréquence de la source du rayonnement incident. La contribution, à l'efficacité globale du blindage électromagnétique, due à l'absorption est relativement plus importante que celle due à la réflexion. Le polyéthylène basse densité/trioxyde de vanadium absorbe plus le rayonnement électromagnétique qu'il n'en réfléchit.

1. 3. 7. Cas du trioxyde de vanadium.

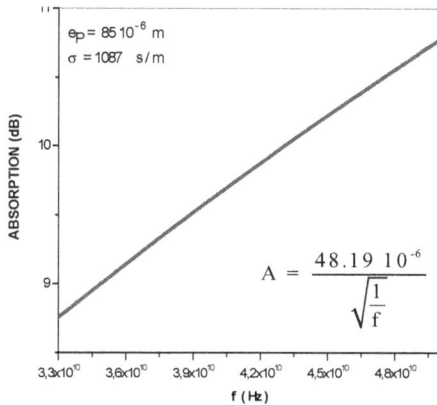

Figure 21a: Atténuation due à l'absorption

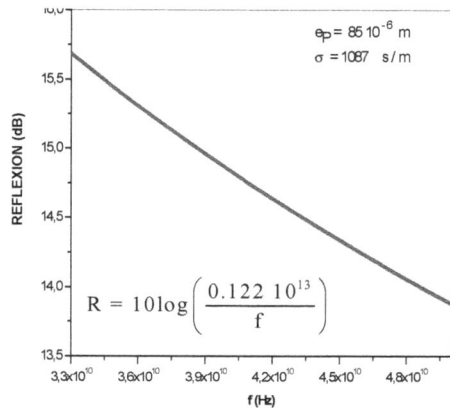

Figure 21b: Atténuation due à la réflexion

La figure 21a représente la variation de l'atténuation due à l'absorption, en fonction de la fréquence de la source du rayonnement pour une épaisseur d'écran égale à $85 \ 10^{-6}$ mètre. L'atténuation due à l'absorption augmente avec la fréquence de la source de 8.75 à 10.77 dB lorsque la fréquence de la source du rayonnement incident passe de $33 \ 10^9$ à $50 \ 10^9$ Hz.

La figure 21b représente la variation de l'atténuation due à la réflexion, en fonction de la fréquence de la source du rayonnement. La courbe représentée sur cette figure correspond à l'épaisseur d'écran citée précédemment. L'atténuation due à la réflexion décroît de 15.68 à 13.88 dB lorsque la fréquence de la source du rayonnement incident croit de $33 \ 10^9$ à $50 \ 10^9$ Hz.

La figure 21 illustre la variation de l'efficacité globale du blindage électromagnétique en fonction de la fréquence de la source du rayonnement. L'efficacité globale du blindage électromagnétique croit de 24.43 à 24.65 dB avec la fréquence de la source du rayonnement incident. Sur les figures 19, 20 et 21 montrant les variations de l'efficacité globale du blindage électromagnétique en fonction de la fréquence de la source du rayonnement incident nous constatons que:

95

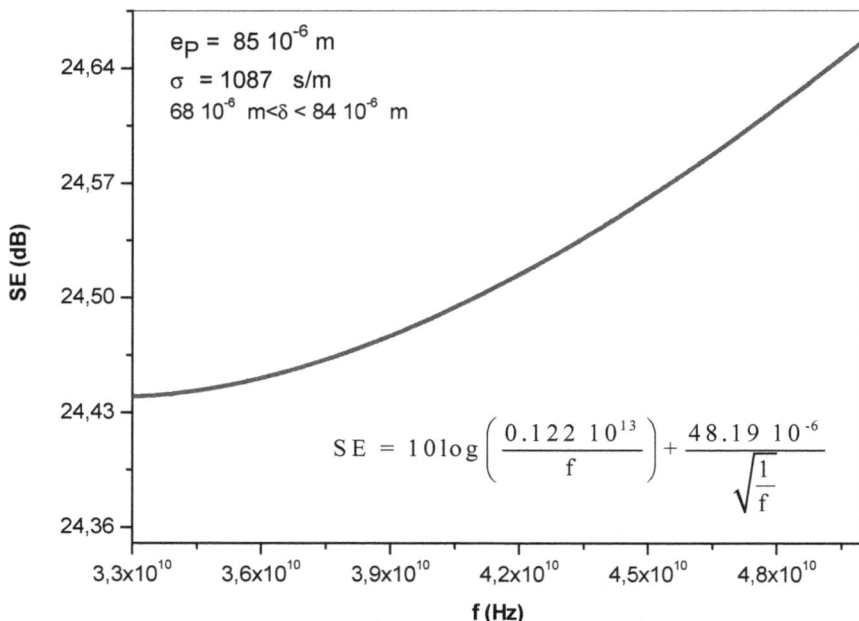

Figure 21: Variation de l'efficacité globale du blindage électromagnétique en fonction de la fréquence de la source: Cas du trioxyde de vanadium seul.

a) les efficacités globales du blindage électromagnétique obtenues à l'aide des deux polymères conducteurs composites, le polyéthylène basse densité/trioxyde de vanadium et le polyéthylène haute densité/trioxyde de vanadium sont situées dans le domaine des efficacités $SE \leq 40\ dB$.

b) l'efficacité globale du blindage électromagnétique obtenue à l'aide du trioxyde de vanadium seul, ne concerne ni le domaine des applications civile ni celui des applications militaires. En effet, dans la bande des fréquences millimétriques (33GHz ÷ 50GHz) l'efficacité du blindage électromagnétique obtenue à l'aide de ce matériau classique est inférieure à 40 dB.

Dans cette bande de fréquence, le trioxyde de vanadium réflechit relativement plus de rayonnement électromagnétique qu'il n'en absorbe.

Troisième partie

Influence de l'épaisseur de l'écran sur l'efficacité du blindage électromagnétique.

Dans cette troisième partie de notre travail, nous fixons la fréquence d'émission de la source égale à la fréquence moyenne de chaque bande. Pour chaque polymère conducteur composite étudié, la fraction volumique du renfort est prise égale à la fraction volumique de saturation Φ_S qui induit une conductivité électrique maximale.

1. EFFETS DE L'EPAISSEUR DE L'ECRAN SUR L'EFFICACITE DU BLINDAGE

Dans les figures 22 à 28 insérées dans cette troisième partie de notre travail:

- f_i: représente la valeur moyenne de la fréquence pour chacune des trois bandes considérées. Les valeurs de la fréquence considérées sont respectivement f_1=41.5 GHz, f_2=13.1 GHz et f_3=525 MHz.

- δ_i: représente la profondeur de pénétration de l'onde électromagnétique dans le matériau de blindage considéré. A chaque fréquence moyenne f_i correspond une profondeur de pénétration δ_i calculée à partir de la relation :

$$\delta = \sqrt{\frac{2}{\sigma\,\omega\,\mu_0}}$$

- σ représente la valeur maximale de la conductivité électrique du matériau de blindage considéré. Cette valeur correspond à la fraction volumique de saturation Φ_S.

- $\Phi = \Phi_S$ représente la fraction volumique de saturation qui induit une valeur maximale de la conductivité électrique σ du matériau de blindage considéré.

1. 1. Cas du polymère conducteur composite nylon6/Al.

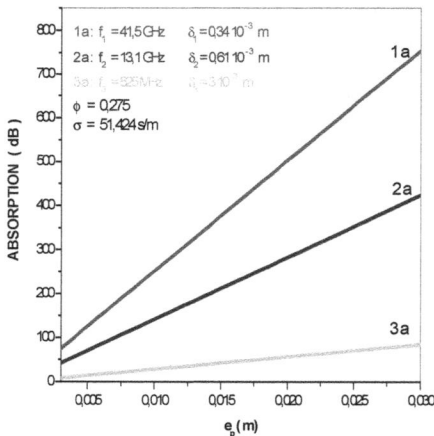

Figure 22a: Atténuation due à l'absorption

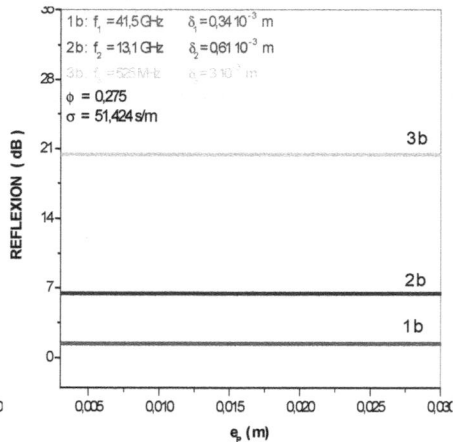

Figure 22b: Atténuation due à la réflexion

La figure 22a représente la variation de l'atténuation due à l'absorption, en fonction de l'épaisseur d'écran pour la fréquence moyenne de chaque bande. La courbe 1a correspond à une fréquence égale à 41.5 GHz. L'atténuation due à l'absorption croit avec l'épaisseur de l'écran à partir de 75.36 dB.

La courbe 2a correspond à une fréquence égale à 13.1 GHz. L'atténuation due à l'absorption croit avec l'épaisseur de l'écran à partir de 42.34 dB. La courbe 3a correspond à une fréquence égale à 525 MHz. L'atténuation due à l'absorption croit avec l'épaisseur de l'écran à partir de 8.47 dB.

La figure 22b représente la variation de l'atténuation due à la réflexion, en fonction de l'épaisseur d'écran pour les trois fréquences citées précédemment. L'atténuation due à la réflexion est indépendante de l'épaisseur de l'écran. En effet l'atténuation due à la réflexion reste constante pour une fréquence donnée lorsque l'épaisseur varie.

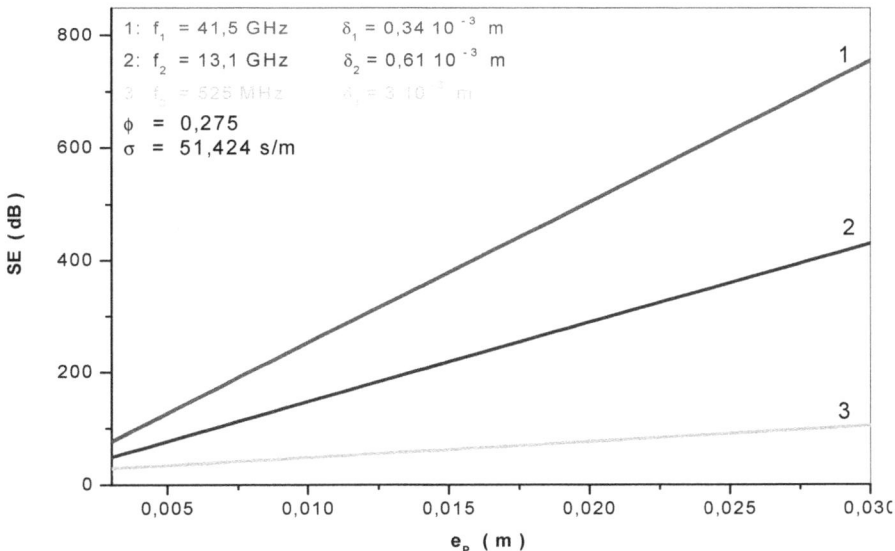

Figure 22: Variation de l'efficacité globale du blindage électromagnétique en Fonction de l'épaisseur de l'écran: Cas du polymère conducteur composite nylon6/Al.

La figure 22 représente la variation de l'atténuation globale du blindage électromagnétique, en fonction de l'épaisseur d'écran pour les trois fréquences citées précédemment. L'atténuation globale du blindage électromagnétique croit avec l'épaisseur de l'écran et la fréquence de la source du rayonnement.

1. 2. Cas de l'Aluminium.

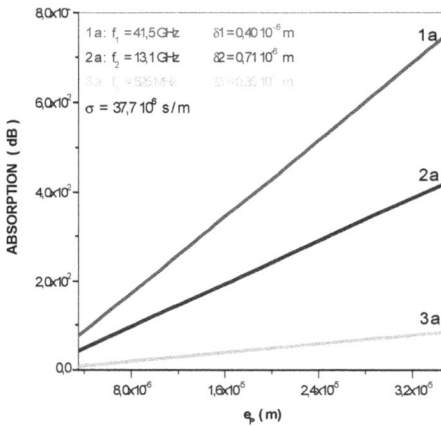

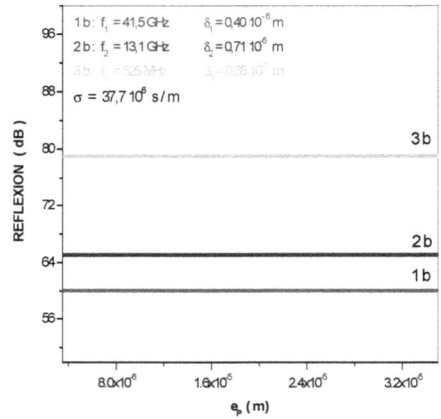

Figure 23a: Atténuation due à l'absorption   **Figure 23b:** Atténuation due à la réflexion

La figure 23a représente la variation de l'atténuation due à l'absorption, en fonction de l'épaisseur d'écran pour la fréquence moyenne de chaque bande.

La courbe 1a correspond à une fréquence égale à 41.5 GHz. L'atténuation due à l'absorption croit avec l'épaisseur de l'écran à partir de 75.28 dB.

La courbe 2a correspond à une fréquence égale à 13.1 GHz. L'atténuation due à l'absorption croit avec l'épaisseur de l'écran à partir de 42.29 dB.

La courbe 3a correspond à une fréquence égale à 525 MHz. L'atténuation due à l'absorption croit avec l'épaisseur de l'écran à partir de 8.46 dB.

La figure 23b représente la variation de l'atténuation due à la réflexion, en fonction de l'épaisseur pour les trois fréquences citées précédemment. L'atténuation due à la réflexion est indépendante de l'épaisseur de l'écran. En effet l'atténuation due à la réflexion reste constante pour une fréquence donnée lorsque la valeur de l'épaisseur varie.

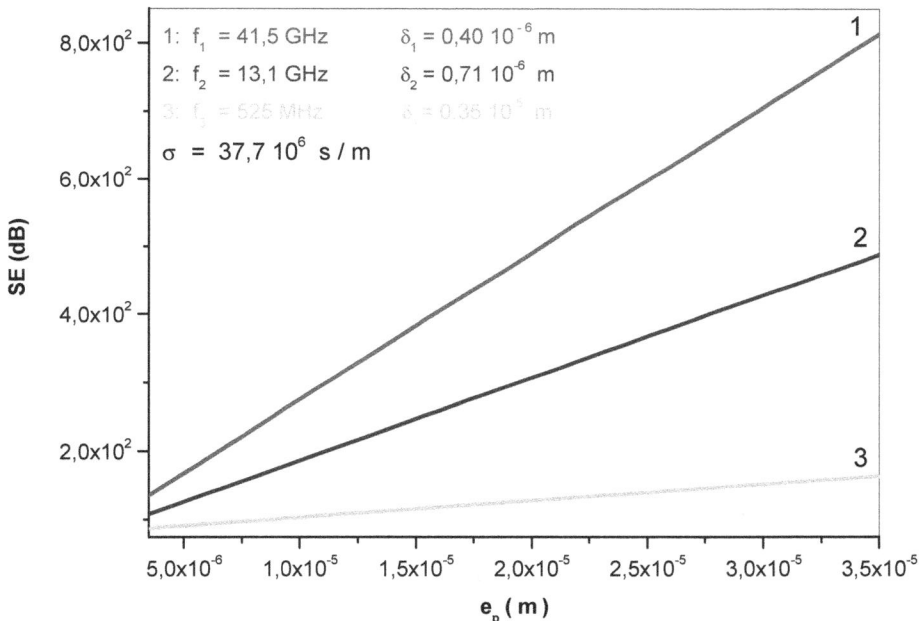

Figure 23: Variation de l'efficacité globale du blindage électromagnétique en fonction de l'épaisseur de l'écran: Cas de l'aluminium seul.

La figure 23 représente la variation de l'atténuation globale du blindage électromagnétique, en fonction de l'épaisseur d'écran pour les trois fréquences citées précédemment. L'atténuation globale du blindage électromagnétique croit avec l'épaisseur de l'écran et la fréquence de la source du rayonnement.

1. 3. Cas du polymère conducteur composite nylon6/Zn.

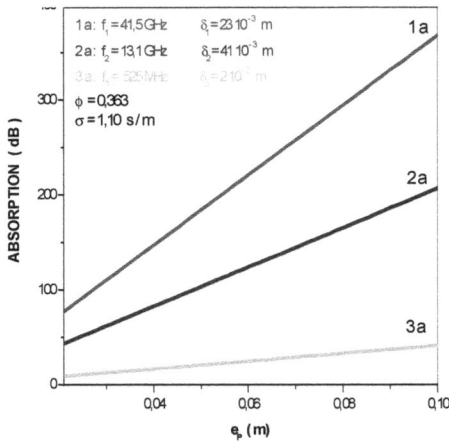

Figure 24a: Atténuation due à l'absorption   **Figure 24b:** Atténuation due à la réflexion

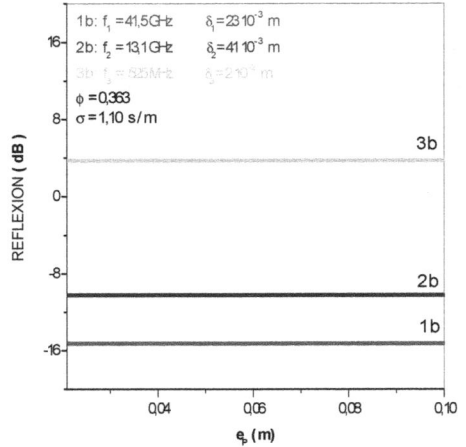

La figure 24a représente la variation de l'atténuation due à l'absorption, en fonction de l'épaisseur pour la fréquence moyenne de chaque bande. La courbe 1a correspond à une fréquence égale à 41.5 GHz. L'atténuation due à l'absorption croit avec l'épaisseur de l'écran à partir de 77.27 dB.

La courbe 2a correspond à une fréquence égale à 13.1 GHz. L'atténuation due à l'absorption croit avec l'épaisseur de l'écran à partir de 43.41 dB. La courbe 3a correspond à une fréquence égale à 525 MHz. L'atténuation due à l'absorption croit avec l'épaisseur de l'écran à partir de 8.69 dB.

La figure 24b représente la variation de l'atténuation due à la réflexion, en fonction de l'épaisseur pour les trois fréquences citées précédemment. L'atténuation due à la réflexion est indépendante de l'épaisseur de l'écran. En effet l'atténuation due à la réflexion reste constante pour une fréquence donnée lorsque la valeur de l'épaisseur varie.

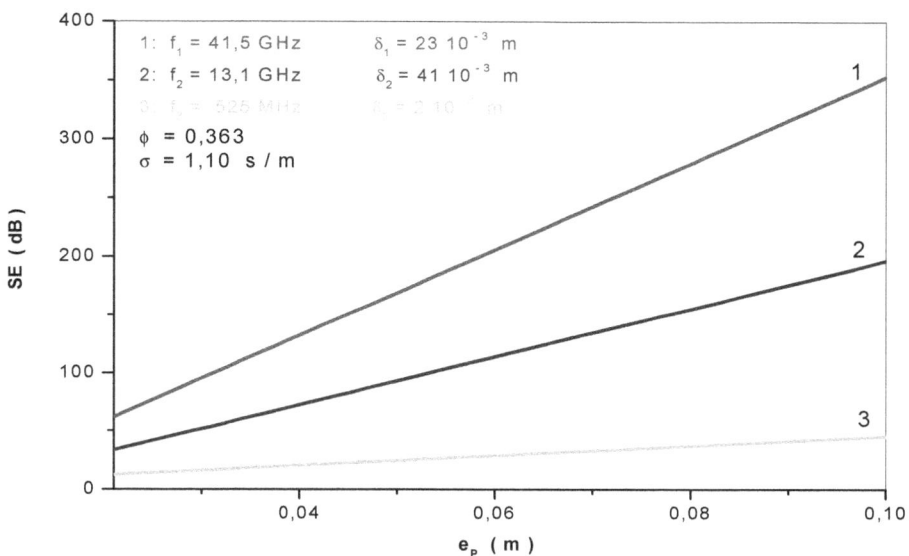

400 —
1: $f_1 = 41,5\ GHz$ $\delta_1 = 23\ 10^{-3}\ m$
2: $f_2 = 13,1\ GHz$ $\delta_2 = 41\ 10^{-3}\ m$
3: $f_3 = 525\ MHz$ $\delta_3 = 2\ 10^{-1}\ m$
$\phi = 0,363$
$\sigma = 1,10\ s\,/\,m$

SE (dB)

300 —
200 —
100 —
0 —

1
2
3

0,04   0,06   0,08   0,10

e_P (m)

Figure 24: Variation de l'efficacité globale du blindage électromagnétique en fonction de l'épaisseur de l'écran: Cas du polymère conducteur composite nylon6/Zn.

La figure 24 représente la variation de l'atténuation globale du blindage électromagnétique, en fonction de l'épaisseur d'écran pour les trois fréquences citées précédemment. L'atténuation globale du blindage électromagnétique croit avec l'épaisseur de l'écran et la fréquence de la source du rayonnement.

1. 4. Cas du zinc

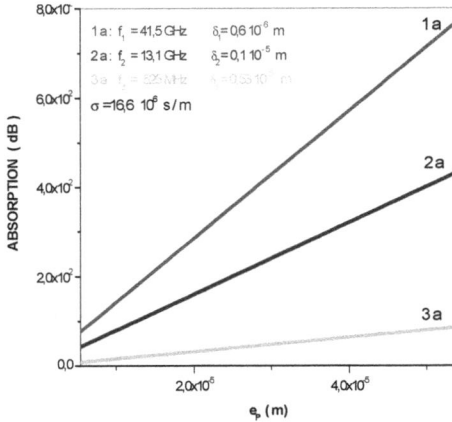

Figure 25a: Atténuation due à l'absorption

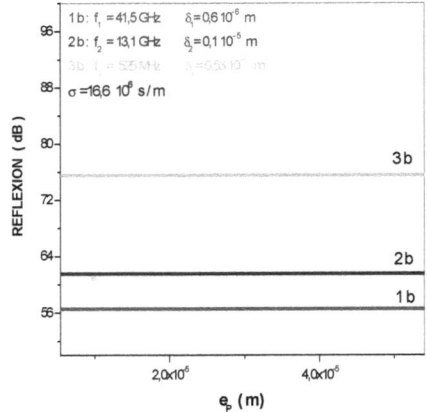

Figure 25b: Atténuation due à la réflexion

La figure 25a représente la variation de l'atténuation due à l'absorption, en fonction de l'épaisseur pour la fréquence moyenne de chaque bande. La courbe 1a correspond à une fréquence égale à 41.5 GHz. L'atténuation due à l'absorption croit avec l'épaisseur de l'écran à partir de 77.07 dB. La courbe 2a correspond à une fréquence égale à 13.1 GHz. L'atténuation due à l'absorption croit avec l'épaisseur de l'écran à partir de 43.30 dB.
La courbe 3a correspond à une fréquence égale à 525 MHz. L'atténuation due à l'absorption croit avec l'épaisseur de l'écran à partir de 8.66 dB.

La figure 25b représente la variation de l'atténuation due à la réflexion, en fonction de l'épaisseur pour les trois fréquences citées précédemment. L'atténuation due à la réflexion est indépendante de l'épaisseur de l'écran. En effet l'atténuation due à la réflexion reste constante pour une fréquence donnée lorsque la valeur de l'épaisseur varie.

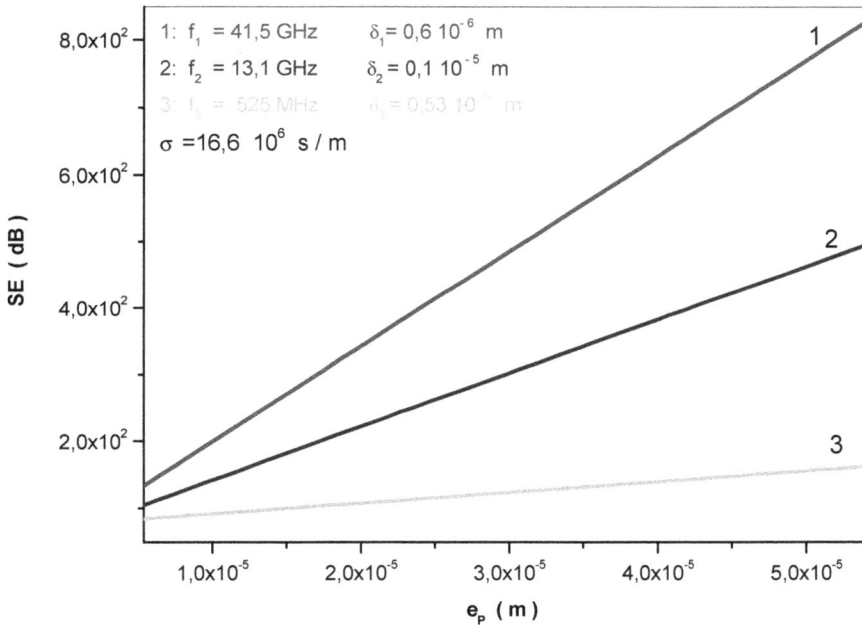

Figure 25: Variation de l'efficacité globale du blindage électromagnétique en fonction de l'épaisseur de l'écran: Cas du zinc seul.

La figure 25 représente la variation de l'atténuation globale du blindage électromagnétique, en fonction de l'épaisseur d'écran pour les trois fréquences citées précédemment. L'atténuation globale du blindage électromagnétique croit avec l'épaisseur de l'écran et la fréquence de la source du rayonnement.

1. 5. Cas du polymère conducteur composite HDPE/ V_2O_3.

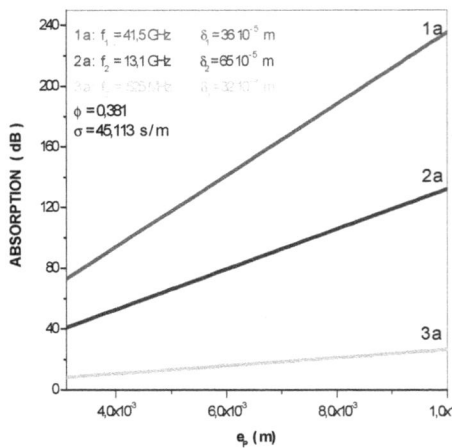

Figure 26a: Atténuation due à l'absorption   **Figure 26b:** Atténuation due à la réflexion

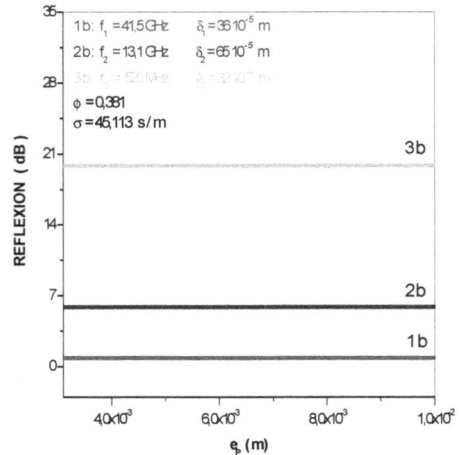

La figure 26a représente la variation de l'atténuation due à l'absorption, en fonction de l'épaisseur pour la fréquence moyenne de chaque bande. La courbe 1a correspond à une fréquence égale à 41.5 GHz. L'atténuation due à l'absorption croit avec l'épaisseur de l'écran à partir de 72.94 dB. La courbe 2a correspond à une fréquence égale à 13.1 GHz. L'atténuation due à l'absorption croit avec l'épaisseur de l'écran à partir de 40.98 dB.

La courbe 3a correspond à une fréquence égale à 525 MHz. L'atténuation due à l'absorption croit avec l'épaisseur de l'écran à partir de 8.204 dB.

La figure 26b représente la variation de l'atténuation due à la réflexion, en fonction de l'épaisseur pour les trois fréquences citées précédemment. L'atténuation due à la réflexion est indépendante de l'épaisseur de l'écran. En effet l'atténuation due à la réflexion reste constante pour une fréquence donnée lorsque la valeur de l'épaisseur varie.

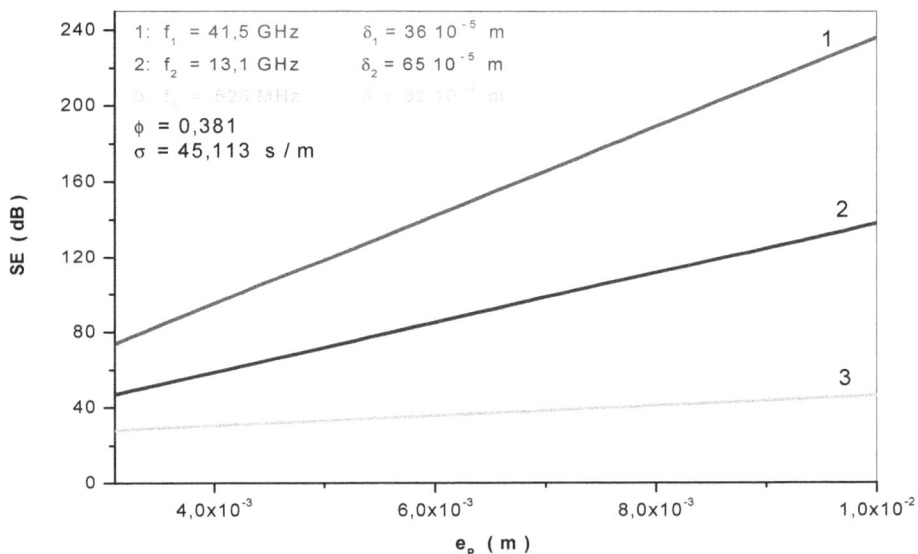

Figure 26: Variation de l'efficacité globale du blindage électromagnétique en fonction de l'épaisseur de l'écran: Cas du polymère conducteur composite HDPE/ V_2O_3.

La figure 26 représente la variation de l'atténuation globale du blindage électromagnétique, en fonction de l'épaisseur d'écran pour les trois fréquences citées précédemment. L'atténuation globale du blindage électromagnétique croit avec l'épaisseur de l'écran et la fréquence de la source du rayonnement.

1. 6. Cas du polymère conducteur composite LDPE/ V_2O_3.

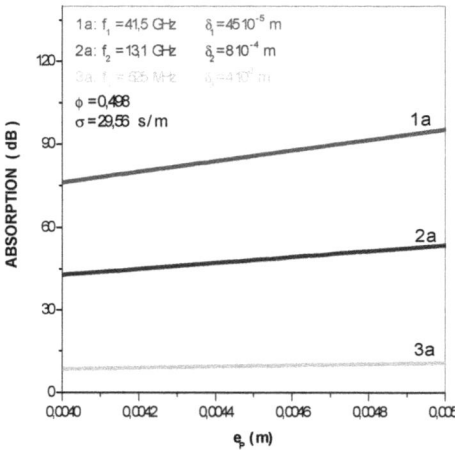

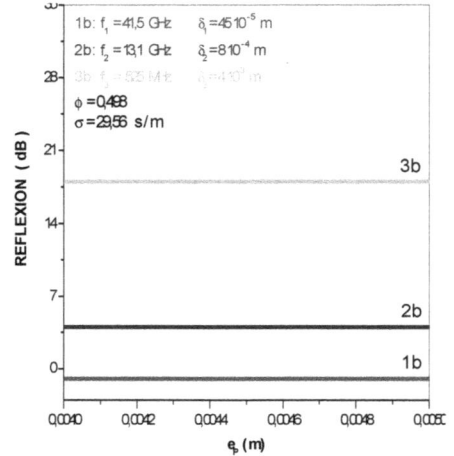

Figure 27a: Atténuation due à l'absorption   **Figure 27b:** Atténuation due à la réflexion

La figure 27a représente la variation de l'atténuation due à l'absorption, en fonction de l'épaisseur pour la fréquence moyenne de chaque bande. La courbe 1a correspond à une fréquence égale à 41.5 GHz. L'atténuation due à l'absorption croit avec l'épaisseur de l'écran à partir de 76.19 dB. La courbe 2a correspond à une fréquence égale à 13.1 GHz. L'atténuation due à l'absorption croit avec l'épaisseur de l'écran à partir de 42.80 dB.

La courbe 3a correspond à une fréquence égale à 525 MHz. L'atténuation due à l'absorption croit avec l'épaisseur de l'écran à partir de 8.57 dB.

La figure 27b représente la variation de l'atténuation due à la réflexion, en fonction de l'épaisseur pour les trois fréquences citées précédemment. L'atténuation due à la réflexion est indépendante de l'épaisseur de l'écran. En effet l'atténuation due à la réflexion reste constante pour une fréquence donnée lorsque la valeur de l'épaisseur varie.

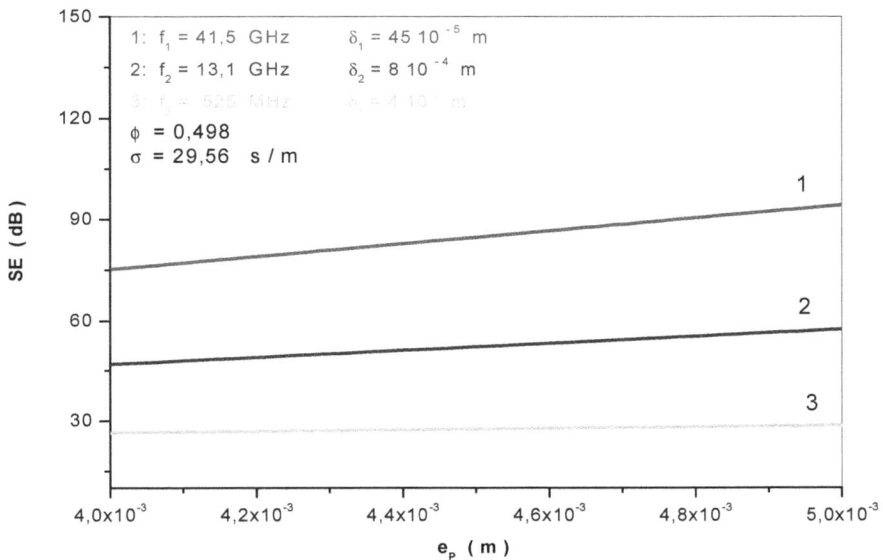

Figure 27: Variation de l'efficacité globale du blindage électromagnétique en fonction de l'épaisseur de l'écran: Cas du polymère conducteur composite LDPE/ V_2O_3.

La figure 27 représente la variation de l'atténuation globale du blindage électromagnétique, en fonction de l'épaisseur d'écran pour les trois fréquences citées précédemment. L'atténuation globale du blindage électromagnétique croit avec l'épaisseur de l'écran et la fréquence de la source du rayonnement.

1. 7. Cas du trioxyde de vanadium.

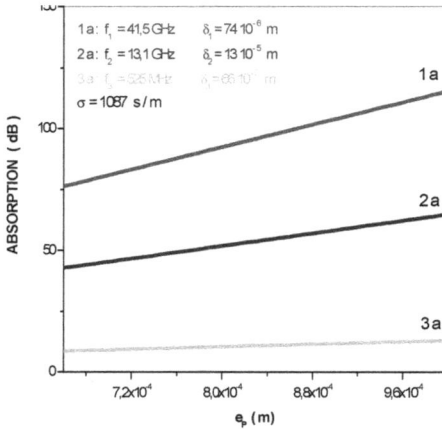

Figure 28a: Atténuation due à l'absorption

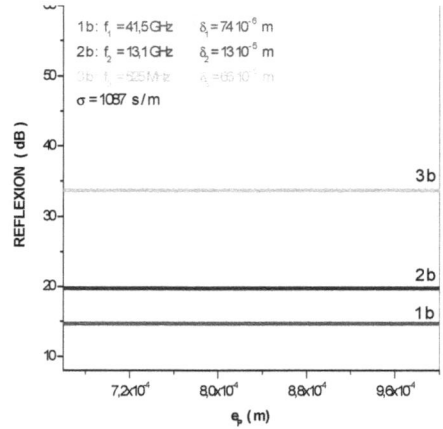

Figure 28b: Atténuation due à la réflexion

La figure 28a représente la variation de l'atténuation due à l'absorption, en fonction de l'épaisseur pour la fréquence moyenne de chaque bande. La courbe 1a correspond à une fréquence égale à 41.5 GHz. L'atténuation due à l'absorption croit avec l'épaisseur de l'écran à partir de 76.23 dB.

La courbe 2a correspond à une fréquence égale à 13.1 GHz. L'atténuation due à l'absorption croit avec l'épaisseur de l'écran à partir de 42.82 dB.

La courbe 3a correspond à une fréquence égale à 525 MHz. L'atténuation due à l'absorption croit avec l'épaisseur de l'écran à partir de 8.57 dB.

110

La figure 28b représente la variation de l'atténuation due à la réflexion, en fonction de l'épaisseur pour les trois fréquences citées précédemment. L'atténuation due à la réflexion est indépendante de l'épaisseur de l'écran. En effet l'atténuation due à la réflexion reste constante pour une fréquence donnée lorsque la valeur de l'épaisseur varie.

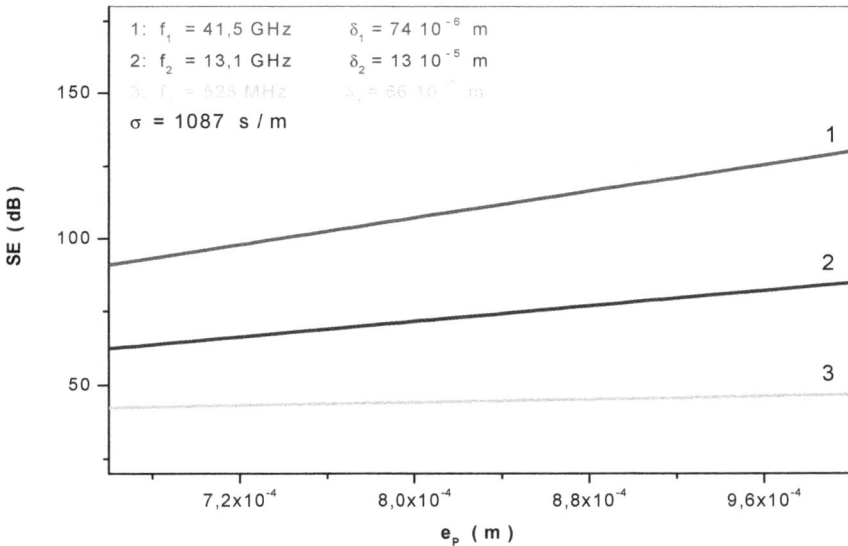

Figure 28: Variation de l'efficacité globale du blindage électromagnétique en fonction de l'épaisseur de l'écran: Cas du trioxyde de vanadium seul.

La figure 28 représente la variation de l'atténuation globale du blindage électromagnétique, en fonction de l'épaisseur d'écran pour les trois fréquences citées précédemment. L'atténuation globale du blindage électromagnétique croit avec l'épaisseur de l'écran et la fréquence de la source du rayonnement.

Quatrième partie

Influence de la fraction volumique du renfort sur l'efficacité du blindage électromagnétique à base des polymères conducteurs composites.

Dans cette quatrième partie de ce travail, nous examinons la variation de l'efficacité du blindage électromagnétique d'un écran en polymères conducteurs composites en fonction de la fraction volumique de leur renfort. Pour ce faire, nous considérons l'épaisseur de l'écran et la fréquence de la source du rayonnement électromagnétique constante et faisons varier la fraction volumique Φ entre les seuils de percolations Φ_C et de saturation Φ_S.

1. EFFETS DE LA FRACTION VOLUMIQUE SUR L'EFFICACITE DU BLINDAGE

Dans les figures 29 à 32 insérées dans cette partie :

- f_i : représente la valeur moyenne de la fréquence de la bande considérée.

- δ_i : représente la profondeur de pénétration de l'onde électromagnétique dans le matériau considéré correspondant à la valeur moyenne de la fréquence f_i.

- Φ_C : représente la fraction volumique critique du renfort, appelée aussi seuil de percolation. A cette valeur Φ_C le polymère composite bascule de l'état isolant à l'état conducteur et le premier chemin conducteur est formé (percolation).

- Φ_S : représente la fraction volumique de saturation qui induit une conductivité électrique σ maximale dans le polymère conducteur composite.

- e_P : représente l'épaisseur de l'écran de blindage. L'épaisseur que nous avons choisie est celle maximale correspondant à la profondeur de pénétration maximale δ_{max}.

- Φ_B : représente la fraction volumique du renfort présente dans le polymère composite conducteur, capable d'amorcer une efficacité globale de blindage SE. Φ_B est différent de Φ_C. En effet, nous avons constaté que le polymère composite devient conducteur à Φ_C et commence, plus tard, à assurer une efficacité de blindage SE à $\Phi_B > \Phi_C$.

1. 1. Cas du polymère conducteur composite nylon6/Al

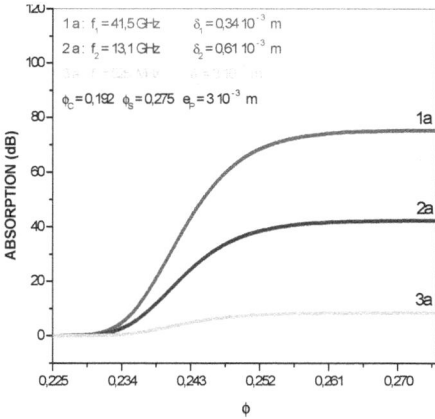

Figure 29a: Atténuation due à l'absorption

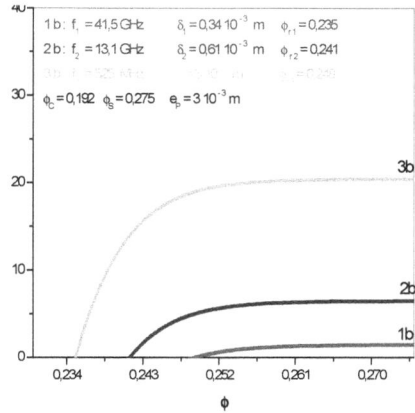

Figure 29b: Atténuation due à la réflexion

La figure 29a représente la variation de l'atténuation due à l'absorption en fonction de la fraction volumique du renfort pour la fréquence moyenne de chaque bande. Les courbes 1a, 2a et 3a correspondent respectivement aux fréquences moyennes d'émission f_1=41.5 GHz, f_2=13.1GHz et f_3=525 MHz. L'examen de cette figure révèle que l'atténuation due à l'absorption croit avec la fraction volumique du renfort et la fréquence d'émission de la source de rayonnement.

La figure 29b représente la variation de l'atténuation due à la réflexion en fonction de la fraction volumique du renfort pour les trois fréquences citées précédemment. Les courbes 1b, 2b et 3b correspondent respectivement aux fréquences moyennes d'émission f_1=41.5 GHz, f_2=13.1GHz et f_3=525 MHz. L'examen de cette figure révèle que l'atténuation due à la réflexion croit avec l'augmentation de la fraction volumique du renfort mais décroît lorsque la fréquence d'émission de la source du rayonnement augmente.

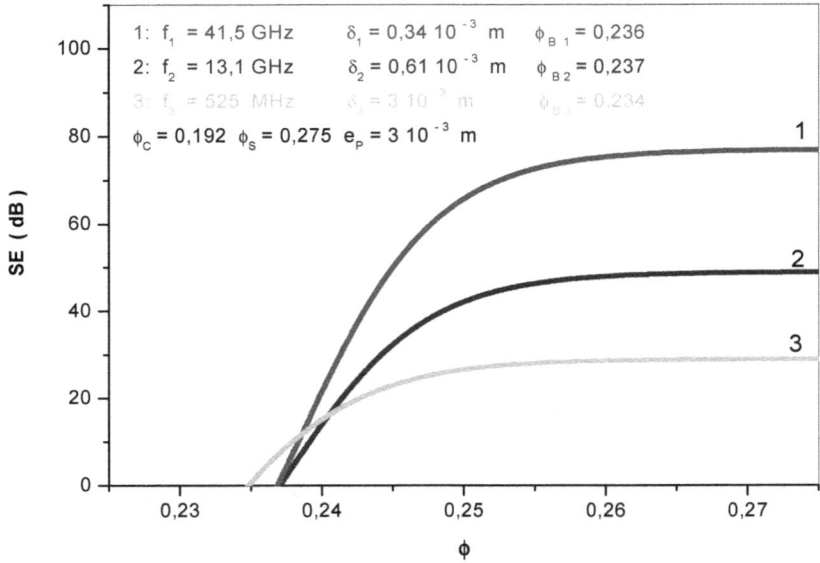

Figure 29: Variation de l'efficacité globale du blindage électromagnétique en fonction de la fraction volumique du renfort: cas du polymère conducteur composite nylon6/Al.

La figure 29 illustre la variation de l'atténuation globale du blindage électro-magnétique en fonction de la fraction volumique du renfort (Aluminium) pour les trois fréquences citées précédemment. Les courbes 1, 2 et 3 correspondent respectivement aux fréquences moyennes d'émission f_1=41.5 GHz, f_2=13.1GHz et f_3=525 MHz. Sur cette figure nous constatons que l'atténuation globale du blindage électromagnétique à base du nylon6/Aluminium croit lorsque la fraction volumique du renfort augmente. Dans le cas présent, l'atténuation globale croit également avec la fréquence de la source d'émission du rayonnement.

116

1. 2. Cas du polymère conducteur composite nylon6/Zn.

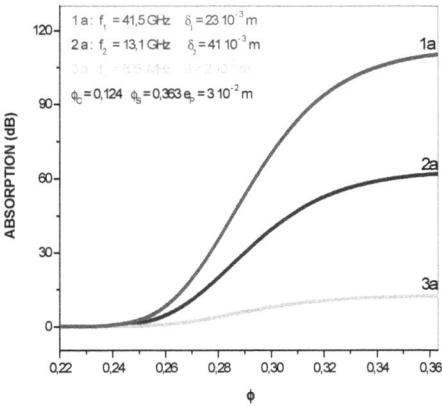

Figure 30a: Atténuation due à l'absorption

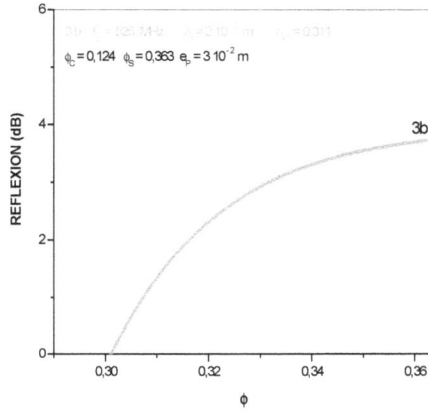

Figure 30b: Atténuation due à la réflexion

La figure 30a représente la variation de l'atténuation due à l'absorption en fonction de la fraction volumique du renfort pour la fréquence moyenne de chaque bande. Les courbes 1a, 2a et 3a correspondent respectivement aux fréquences moyennes d'émission f_1=41.5 GHz, f_2=13.1GHz et f_3=525 MHz. L'examen de cette figure révèle que l'atténuation due à l'absorption croit avec la fraction volumique du renfort et la fréquence d'émission de la source de rayonnement.

La figure 30b représente la variation de l'atténuation due à la réflexion en fonction de la fraction volumique du renfort pour les trois fréquences citées précédemment. Les courbes 1b, 2b et 3b correspondent respectivement aux fréquences moyennes d'émission f_1=41.5 GHz, f_2=13.1GHz et f_3=525 MHz. Sur cette figure nous remarquons que l'atténuation due à la réflexion croit avec l'augmentation de la fraction volumique du renfort mais décroît lorsque la fréquence d'émission de la source du rayonnement augmente.

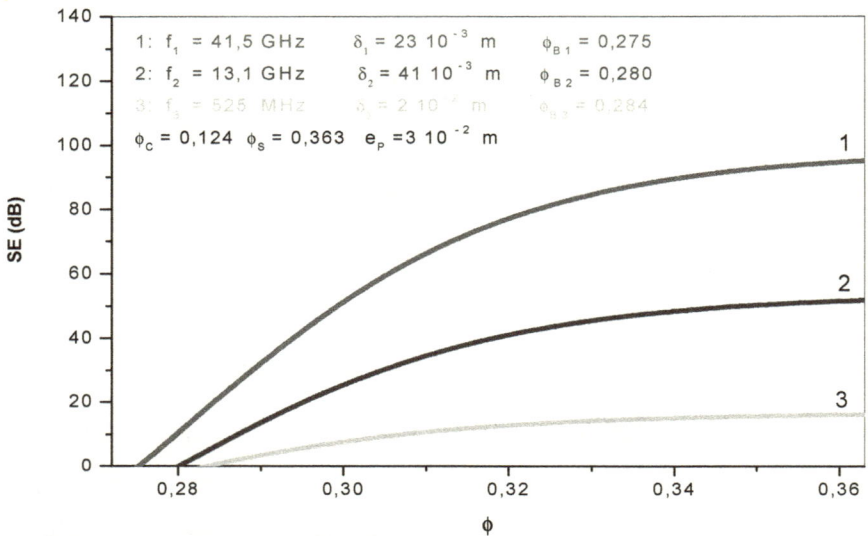

Figure 30: Variation de l'efficacité globale du blindage électromagnétique en fonction de la fraction volumique du renfort: cas du polymère conducteur composite nylon6/Zn.

La figure 30 illustre la variation de l'atténuation globale du blindage électro-magnétique en fonction de la fraction volumique du renfort (Zinc) pour les trois fréquences citées précédemment. Les courbes 1, 2 et 3 correspondent respectivement aux fréquences moyennes d'émission f_1=41.5 GHz, f_2=13.1GHz et f_3=525 MHz. Sur cette figure, il apparaît que l'atténuation globale du blindage électromagnétique à base du nylon6/Zinc croit lorsque la fraction volumique du renfort augmente. Dans le cas présent, l'atténuation globale croit également avec la fréquence de la source d'émission du rayonnement.

1. 3. Cas du polymère conducteur composite HDPE/ V_2O_3.

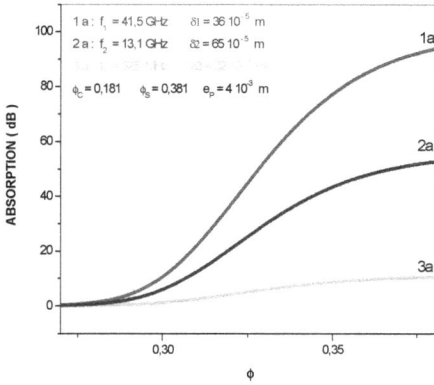

Figure 31a: Atténuation due à l'absorption   **Figure 31b:** Atténuation due à la réflexion

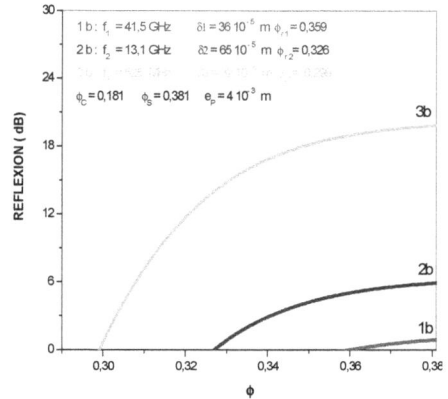

La figure 31a représente la variation de l'atténuation due à l'absorption en fonction de la fraction volumique du renfort pour la fréquence moyenne de chaque bande. Les courbes 1a, 2a et 3a correspondent respectivement aux fréquences moyennes d'émission f_1=41.5 GHz, f_2=13.1GHz et f_3=525 MHz. cette figure montre que l'atténuation due à l'absorption croit avec la fraction volumique du renfort et la fréquence d'émission de la source de rayonnement.

La figure 31b représente la variation de l'atténuation due à la réflexion en fonction de la fraction volumique du renfort pour les trois fréquences citées précédemment. Les courbes 1b, 2b et 3b correspondent respectivement aux fréquences moyennes d'émission f_1=41.5 GHz, f_2=13.1GHz et f_3=525 MHz. L'examen de cette figure révèle que l'atténuation due à la réflexion croit avec la fraction volumique du renfort mais décroît lorsque la fréquence d'émission de la source augmente.

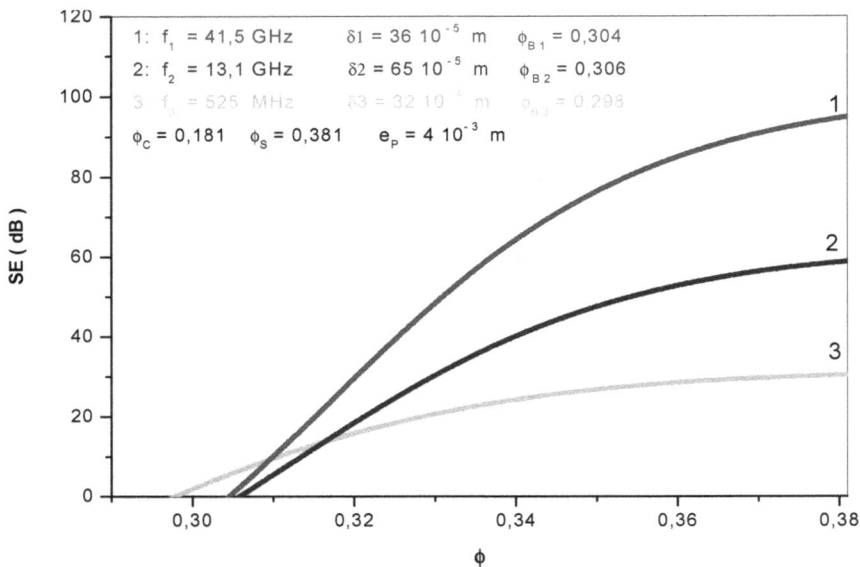

Figure 31: Variation de l'efficacité globale du blindage électromagnétique en fonction de la fraction volumique du renfort: Cas du polymère conducteur composite HDPE/V₂O₃.

La figure 31 illustre la variation de l'atténuation globale du blindage électro-magnétique en fonction de la fraction volumique du renfort (trioxyde de vanadium) pour les trois fréquences citées précédemment. Les courbes 1, 2 et 3 correspondent respectivement aux fréquences moyennes d'émission f_1=41.5 GHz, f_2=13.1GHz et f_3=525 MHz. Sur cette figure nous constatons que l'atténuation globale du blindage électromagnétique à base du polyéthylène haute densité/Trioxyde de vanadium croit lorsque la fraction volumique du renfort augmente. Dans le cas présent, l'atténuation globale croit également avec la fréquence de la source d'émission du rayonnement.

1. 4. Cas du polymère conducteur composite LDPE/ V$_2$O$_3$.

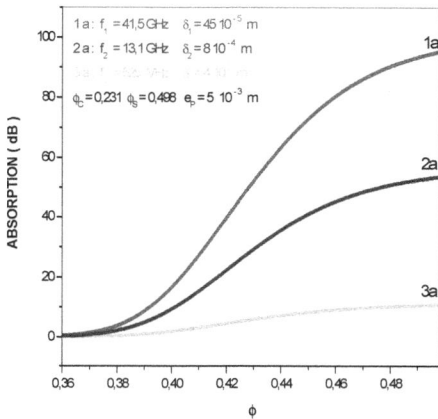

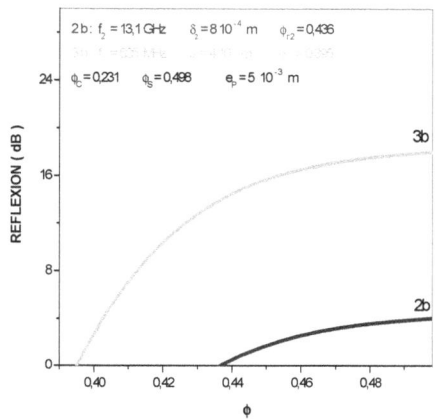

1a: f$_1$ =41,5GHz δ_1=45 10^{-5} m
2a: f$_2$ =13,1GHz δ_2=8 10^{-4} m

ϕ_c=0,231 ϕ_s=0,498 e$_p$=5 10^{-3} m

2b: f$_2$ =13,1 GHz δ_2=8 10^{-4} m ϕ_{r2}=0,436

ϕ_c=0,231 ϕ_s=0,498 e$_p$=5 10^{-3} m

Figure 32a: Atténuation due à l'absorption   **Figure 32b:** Atténuation due à la réflexion

La figure 32a représente la variation de l'atténuation due à l'absorption en fonction de la fraction volumique du renfort pour la fréquence moyenne de chaque bande. Les courbes 1a, 2a et 3a correspondent respectivement aux fréquences moyennes d'émission f$_1$=41.5 GHz, f$_2$=13.1GHz et f$_3$=525 MHz. L'examen de cette figure révèle que l'atténuation due à l'absorption croit avec la fraction volumique du renfort et la fréquence d'émission de la source du rayonnement.

La figure 32b représente la variation de l'atténuation due à la réflexion en fonction de la fraction volumique du renfort pour les trois fréquences citées précédemment. Les courbes 1b, 2b et 3b correspondent respectivement aux fréquences moyennes d'émission f$_1$=41.5 GHz, f$_2$=13.1GHz et f$_3$=525 MHz. Sur cette figure nous constatons que l'atténuation due à la réflexion croit avec l'augmentation de la fraction volumique du renfort mais décroît lorsque la fréquence d'émission de la source du rayonnement augmente.

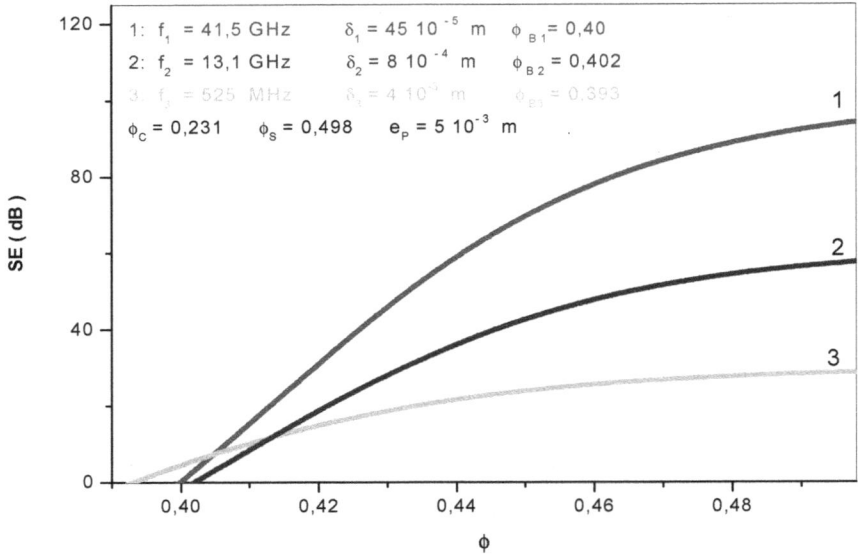

Figure 32: Variation de l'efficacité globale du blindage électromagnétique en fonction de la fraction volumique du renfort: Cas du polymère conducteur composite LDPE/V₂O₃.

La figure 32 illustre la variation de l'atténuation globale du blindage électro-magnétique en fonction de la fraction volumique du renfort (trioxyde de vanadium) pour les trois fréquences citées précédemment. Les courbes 1, 2 et 3 correspondent respectivement aux fréquences moyennes d'émission f_1=41.5 GHz, f_2=13.1GHz et f_3=525 MHz. Cette figure montre que l'atténuation globale du blindage électro-magnétique à base du polyéthylène basse densité/Trioxyde de vanadium croit lorsque la fraction volumique du renfort augmente. Dans le cas présent, l'atténuation globale croit également avec la fréquence de la source d'émission du rayonnement.

REFERENCES BIBLIOGRAPHIQUES

[1] Nick F, EM1 Shielding Measurements of Conductive Polymer Blends, IEEE transactions on instrumentation and measurement. vol. 41. No. 2. april.1992.

[2] Jean-Lue WOJKIEWICZ, les polymères conducteurs intrinsèques: des matériaux a hautes performances pour des blindages électromagnétiques légers: www.freewebtown.com

[3] GABRIEL. PINTO, AND ANA J. -MARTJN, Conducting Aluminium-Filled Nylon 6 Composites, polymer composites, vol. 22, N_0.1, February 2001

[4] GABRIEL. PINTO, MO NICA B. MAIDANA, Conducting Polymer Composites of Zinc-Filled Nylon 6,journal of applied polymer science, vol. 82, 1449-1454 (2001).

[5] XIAO-SU. YI, G. WU AND Y. PAN, Properties and Applications of Filled Conductive Polymer Composites, polymer international 44117-124, (1997).

CONCLUSION GENERALE

ET

PERSPECTIVES

CONCLUSION GENERALE

Au cours de ce travail, nous avons entrepris l'étude théorique de l'efficacité du blindage électromagnétique en champ lointain.

Pour ce faire, nous avons mis à profit le formalisme mathématique général décrivant le comportement électromagnétique des matériaux classiques afin d'examiner celui des polymères conducteurs composites.

Nous avons, essentiellement, traité le cas des matériaux classiques comme l'aluminium, le zinc, le trioxyde de vanadium et celui des polymères conducteurs composites tels que le nylon6/aluminium, le nylon6/zinc, le polyéthylène haute densité/trioxyde de vanadium et le polyéthylène basse densité/trioxyde de vanadium.

Nous avons discuté, en particulier, les effets de la fréquence de la source d'émission, de l'épaisseur de l'écran du blindage et, de la fraction volumique du renfort des polymères conducteurs composites sur les atténuations dues à l'absorption A (dB), à la réflexion R (dB) et l'efficacité globale SE (dB) du blindage électromagnétique.

Les matériaux, que nous avons étudiés, sont classés selon la valeur de l'efficacité globale du blindage électromagnétique qu'ils assurent. Les matériaux dont l'atténuation globale se situe entre 40 et 80 dB sont, conformément aux normes européennes, réservés aux applications civiles.

125

Ceux dont l'efficacité globale dépasse le seuil des 80 dB sont généralement destinés aux applications militaires.

S'agissant de la fréquence d'émission de la source du rayonnement électro-magnétique, nous avons retenu pour faire cette étude trois bandes: la bande radio (50 MHz ÷ 1 GHz), la bande des micro-ondes (8.2 GHz ÷ 18 GHz) et celle des ondes millimétriques (33 GHz ÷ 50 GHz). Ce choix a été, principalement, guidé par l'utilisation quasi-exclusive de ces trois bandes dans l'industrie.

Le domaine de variation de l'épaisseur de l'écran du blindage électromagnétique possède une limite inférieure. Cette épaisseur limite nous est imposée par le critère des matériaux électriquement épais ($e_P \geq \delta$: profondeur de pénétration de l'onde).

Dans le cas des polymères conducteurs composites, nous avons arrêté le domaine de variation de la fraction volumique du renfort entre les seuils de percolation Φ_C (conductivité électrique minimale) et de saturation Φ_S (conductivité électrique maximale).

En étudiant le comportement électromagnétique de certaines polymères conducteurs composites et en le comparant à celui des matériaux classiques par lesquels ils ont été dopés, nous avons mis en évidence les effets propres à la fréquence de la source d'émission, à l'épaisseur de l'écran du blindage et à la conductivité électrique sur les différentes atténuations engendrées par ces matériaux.

1.Effets de la fréquence d'émission de la source du rayonnement

<u>Fréquences radio</u> : 50 MHz ≤ f ≤ 1 GHz

a) le polymère conducteur composite nylon6/aluminium absorbe plus de rayonnement électromagnétique qu'il n'en réflechit : (A(dB) > R(dB). Au vu de son efficacité globale (40dB ≤ SE ≤ 80dB), ce polymère conducteur composite peut servir, uniquement, dans les applications civiles. Cependant, l'atténuation globale (SE ≥ 80 dB), obtenue à l'aide de l'aluminium seul montre que ce matériau classique est tout à fait indiqué pour les applications militaires.

b) l'atténuation due à l'absorption A(dB) du nylon6/zinc est légèrement supérieure à celle due à la réflexion R(dB). L'efficacité globale (40dB ≤ SE ≤ 80dB), obtenue à l'aide de ce polymère conducteur composite, indique qu'il est destiné aux applications civiles. Par contre, le zinc, seul, qui possède une atténuation globale supérieure au seuil des 80 dB peut être utilisé dans les applications militaires.

c) le polyéthylène haute densité/trioxyde de vanadium absorbe plus de rayonnement électromagnétique qu'il n'en réflechit : (A(dB) > R(dB)). L'atténuation globale (40 dB ≤ SE ≤ 80 dB), induite par le $HDPE/V_2O_3$, montre que ce dernier est destiné aux applications civiles. Le polyéthylène basse densité/trioxyde de vanadium absorbe, également, plus de rayonnement électromagnétique qu'il n'en réflechit : (A(dB) > R(dB)). L'atténuation globale (40 dB ≤ SE ≤ 80 dB) générée par le $LDPE/V_2O_3$ lui ouvre le domaine des applications civiles. Le trioxyde de vanadium, seul, assure aussi une efficacité globale incluse dans l'intervalle (40 dB ≤ SE ≤ 80 dB) et, de ce fait, est un candidat potentiel pour les applications civiles de ce type de blindage.

Micro-ondes : 8.2 GHz ≤ f ≤ 18 GHz

Dans cette bande de fréquence, les efficacités globales du blindage électro-magnétique obtenues, respectivement, à l'aide d'écrans en nylon6/aluminium, nylon6/zinc, polyéthylène haute densité/trioxyde de vanadium et polyéthylène basse densité/trioxyde de vanadium sont toutes inférieures au seuil minimal des 40dB fixé par les normes européennes pour les applications civiles. Pour cette raison, aucun de ces polymères conducteurs composites ne convient au blindage électro-magnétique. Cependant l'aluminium et le zinc assurent des atténuations globales suffisantes (40 dB ≤ SE ≤ 80 dB) pour être amplement utilisés dans les applications civiles du blindage électromagnétique. Le trioxyde de vanadium, quant à lui, génère une efficacité globale inférieure au seuil des 40dB et ne convient, donc, ni aux applications civiles, ni aux applications militaires.

Ondes millimétriques : 33 GHz ≤ f ≤ 50 GHz

Nous aboutissons à des conclusions similaires aux précédentes, quant au comportement électromagnétique du nylon6/aluminium, polyéthylène haute densité /trioxyde de vanadium et polyéthylène basse densité/trioxyde de vanadium. Les valeurs prises par l'efficacité globale doivent être normalement positives, en décibels, ce qui correspond bien à une atténuation. Cependant, nous avons enregistré dans le cas du nylon6/zinc des valeurs négatives de l'efficacité globale du blindage électromagnétique. Ceci veut dire que, dans cette bande de fréquences, nous pouvons avoir plus de champ avec l'écran en nylon6/zinc que sans écran !

Il ne s'agit guère d'une amplification mais d'un effet de directivité. En effet, il a été prouvé que pour les hautes fréquences (f ≥100MHz), un mauvais écran peut se comporter comme une antenne directive.

2. Effets de l'épaisseur de l'écran sur l'efficacité du blindage

Pour mettre en évidence l'influence de l'épaisseur de l'écran sur l'efficacité du blindage électromagnétique assurée par les matériaux classiques et les polymères conducteurs composites étudiés, nous avons:

- pris, pour chacune des trois bandes, une fréquence égale à la fréquence moyenne, soit f_1 =41.5 GHz, f_2 =13.1 GHz et f_3 =525 MHz.
- pour tenir compte de l'hypothèse des réflexions multiples négligeables (M(dB)=0), nous avons fait varier l'épaisseur de l'écran au-delà de la profondeur de pénétration de l'onde électromagnétique ($e_P \geq \delta$).
- pris une conductivité électrique pour chaque polymère conducteur composite égale à la conductivité maximale induite par sa fraction volumique de saturation Φ_S.

Les différents résultats que nous avons obtenus révèlent que :

- d'une part, pour tous les matériaux étudiés, la contribution A(dB) à l'efficacité globale SE(dB) du blindage électromagnétique due à l'absorption est plus importante que celle R(dB) due à la réflexion.
- d'autre part, l'absorption A(dB) croit avec l'épaisseur de l'écran du blindage alors que la réflexion R(dB) reste constante lorsque l'épaisseur augmente. Ceci peut être expliqué par le fait que la réflexion du rayonnement électromagnétique dépend de l'état de surface de l'écran (réflexion spéculaire ou diffuse); l'absorption, quant à elle, est fonction de la masse de l'écran, par conséquent de son épaisseur.

a) nylon6/aluminium

Avec une fraction volumique du renfort Φ_S=0.275, le polymère conducteur composite nylon6/aluminium peut être utilisé :

- dans la bande des fréquences radio, pour les applications civiles du blindage électromagnétique à partir d'une épaisseur d'écran e_P =6.9 mm et pour les applications militaires à partir d'une épaisseur d'écran e_P =21 mm.

• dans la bande des fréquences des micro-ondes, pour les applications civiles du blindage électromagnétique à partir d'une épaisseur d'écran e_P =2.3 mm et pour les applications militaires à partir d'une épaisseur d'écran e_P =5.2 mm.

• dans la bande des fréquences millimétriques, pour les applications civiles à partir d'une épaisseur d'écran e_P =1.5 mm et pour les applications militaires à partir d'une épaisseur d'écran e_P =3.1 mm.

b) nylon6/zinc

Avec une fraction volumique du renfort Φ_S=0.363, le polymère conducteur composite nylon6/zinc peut être utilisé :

• dans la bande des fréquences radio, pour les applications civiles du blindage électromagnétique à partir d'une épaisseur d'écran e_P =87 mm.

• dans la bande des fréquences des micro-ondes, pour les applications civiles à partir d'une épaisseur d'écran e_P =24.2 mm et pour les applications militaires à partir d'une épaisseur d'écran e_P =43.6 mm.

• dans la bande des fréquences millimétriques, pour les applications civiles à partir d'une épaisseur d'écran e_P =15 mm et pour les applications militaires à partir d'une épaisseur d'écran e_P =25.8 mm.

c) Polyéthylène haute densité/trioxyde de vanadium

Avec une fraction volumique du renfort Φ_S=0.381, le polymère conducteur composite HDPE/V_2O_3 peut être utilisé :

• dans la bande des fréquences radio, pour les applications civiles à partir d'une épaisseur d'écran e_P =7.6 mm.

• dans la bande des fréquences des micro-ondes, pour les applications civiles à partir d'une épaisseur d'écran e_P =2.5 mm et pour les applications militaires à partir d'une épaisseur d'écran e_P =5.6 mm.

• dans la bande des fréquences millimétriques, pour les applications civiles à partir d'une épaisseur d'écran e_P =1.6 mm et pour les applications militaires à partir d'une épaisseur d'écran e_P =3.3 mm.

d) Polyéthylène basse densité/trioxyde de vanadium

Dans la bande des fréquences radio et avec une fraction volumique du renfort Φ_S =0.498, le polymère conducteur composite LDPE/V_2O_3 ne peut être utilisé ni dans les applications civiles, ni dans les applications militaires, puisque son atténuation globale est inférieure au seuil minimale des 40 dB fixé par les normes européennes.

Cependant, pour la même fraction volumique de renfort ce matériau conducteur composite peut être utilisé :

• dans la bande des fréquences des micro-ondes, pour les applications civiles à partir d'une épaisseur d'écran e_P =3.3 mm.

• dans la bande des fréquences millimétriques, pour les applications civiles à partir d'une épaisseur d'écran e_P =2.15 mm et pour les applications militaires à partir d'une épaisseur d'écran e_P =4.25 mm.

3.Effets de la fraction volumique du renfort sur l'efficacité du blindage

Pour les épaisseurs d'écran nylon6/Al (e_P=3mm), nylon6/Zn (e_P=30mm), HDPE /V_2O_3 (e_P=4mm) et LDPE/V_2O_3 (e_P=5mm), chaque polymère conducteur composite étudié assure une efficacité de blindage électromagnétique positive. Cette efficacité positive est amorcée à une fraction volumique du renfort Φ_B appelée seuil de blindage. Ce seuil de blindage est supérieur à celui de la percolation Φ_C.

En effet, le polymère composite devient conducteur du courant électrique au seuil de percolation Φ_C et amorce le blindage électromagnétique à Φ_B.

Comme attendu, pour les quatre polymères conducteurs composites étudiés, l'atténuation due à l'absorption A(dB), celle due à la réflexion R(dB) et l'efficacité globale SE(dB) augmentent lorsque la fraction volumique du renfort croît.

Bande de fréquences radio: (50 MHz $\leq$ f $\leq$ 1 GHz)

• Le nylon6/aluminium amorce une efficacité de blindage électromagnétique SE(dB) positive à partir du seuil de blindage Φ_B=0.234. Son efficacité globale est inférieure au seuil minimal des 40 dB fixé par les normes européennes. Ce polymère conducteur composite ne convient ni aux applications civiles, ni aux applications militaires.

• Le nylon6/zinc amorce une efficacité de blindage électromagnétique SE(dB) positive à partir du seuil de blindage Φ_B=0.284. Son efficacité globale est inférieure au seuil minimal des 40 dB, il ne convient ni aux applications civiles, ni aux applications militaires.

• Le polyéthylène haute densité/trioxyde de vanadium amorce une efficacité de blindage électromagnétique SE(dB) positive à partir d'un seuil de blindage Φ_B=0.298. Le HDPE/V_2O_3 possède une efficacité globale qui avoisine les 20 dB, il est, donc, exclu aussi bien des applications civiles que militaires.

• Le polyéthylène basse densité/trioxyde de vanadium amorce une efficacité de blindage électromagnétique SE(dB) positive à partir d'un seuil de blindage Φ_B=0.393. Le LDPE/V_2O_3 possède une efficacité globale qui avoisine les 20 dB, il est, donc, exclu aussi bien des applications civiles que militaires.

Bande de fréquences des micro-ondes: (8.2 GHz ≤ f ≤ 18 GHz)

• Le nylon6/aluminium amorce une efficacité de blindage électromagnétique SE(dB) positive à partir d'un seuil de blindage Φ_B=0.237. Il assure une efficacité globale voisine des 40 dB et peut être utilisé dans certaines applications civiles.

• Le nylon6/zinc amorce une efficacité de blindage électromagnétique SE(dB) positive à partir d'un seuil de blindage Φ_B=0.280. Il assure une efficacité globale voisine des 40 dB, il peut être utilisé dans certaines applications civiles.

• Le polyéthylène haute densité/trioxyde de vanadium assure une efficacité de blindage électromagnétique SE(dB) positive à partir d'un seuil de blindage Φ_B=0.306. Ce polymère conducteur composite assure une efficacité globale de blindage électromagnétique qui dépasse le seuil des 40 dB des normes européennes et peut, par conséquent, servir pour les applications civiles.

• Le polyéthylène basse densité/trioxyde de vanadium amorce une efficacité de blindage électromagnétique SE(dB) positive à partir d'un seuil de blindage Φ_B=0.402. Ce polymère conducteur composite assure une efficacité globale de blindage électromagnétique qui dépasse le seuil des 40 dB des normes européennes et peut, donc, servir pour les applications civiles.

Bande de fréquences des ondes millimétriques: (33 GHz ≤ f ≤ 50 GHz)

• Le nylon6/aluminium amorce une efficacité de blindage électromagnétique SE(dB) positive à partir d'un seuil de blindage Φ_B=0.236. ce matériau assure une efficacité globale dans l'intervalle 40dB ≤ SE ≤ 80dB. il est donc tout désigné pour les applications civiles.

• Le nylon6/zinc amorce une efficacité de blindage électromagnétique SE(dB) positive à partir d'un seuil de blindage Φ_B=0.275. ce polymère conducteur composite assure une efficacité globale qui lui permet d'être utilisé, selon les normes européennes, dans les applications civiles.

- Le polyéthylène haute densité/trioxyde de vanadium amorce une efficacité de blindage électromagnétique SE(dB) positive à partir d'un seuil de blindage Φ_B=0.304. Le seuil de blindage du polyéthylène basse densité/trioxyde de vanadium qui rend l'efficacité du blindage électromagnétique SE(dB) positive est Φ_B=0.40. Le HDPE/V_2O_3 et le LDPE/V_2O_3 génèrent des efficacités globales du blindage électromagnétique qui touchent aussi bien les domaines des applications civiles que militaires.

Perspectives

Les résultats encourageants que nous avons obtenus dans ce travail, nous suggèrent de consacrer ultérieurement nos activités de recherche à l'étude des problèmes suivants:

- ➢ Influence de la fréquence d'émission de la source du rayonnement, de l'épaisseur de l'écran du blindage électromagnétique, de la fraction volumique du renfort utilisé et de la distance de séparation entre la source et le blindage sur l'efficacité du blindage électromagnétique à l'aide des polymères conducteurs composites en champ proche.

- ➢ Effet de l'angle d'incidence du rayonnement électromagnétique sur l'efficacité du blindage électromagnétique en champs proche et lointain.

- ➢ Effet de la géométrie de la source du rayonnement sur l'efficacité du blindage électromagnétique en champs proche et lointain.

- ➢ Application des polymères conducteurs composites au domaine de la furtivité.

www.ingramcontent.com/pod-product-compliance
Lightning Source LLC
Chambersburg PA
CBHW021105210326
41598CB00016B/1339